AF452065

ESSAI

SUR L'EMPLOI DES FERS A DOUBLE I

DANS LA CONSTRUCTION DES PLANCHERS.

IMP. DE COSSE ET J. DUMAISE, RUE CHRISTINE, 2,

ESSAI

SUR

L'EMPLOI DES FERS A DOUBLE I

DANS LA CONSTRUCTION DES PLANCHERS,

BASÉ

sur les recherches et les expériences mentionnées dans l'ouvrage
de M. Morin sur la résistance des matériaux,

COMPRENANT

L'ÉTABLISSEMENT DES COEFFICIENTS E POUR DIVERSES QUALITÉS
DE FER ET DE FONTE,

NOTAMMENT

CEUX DES FERS N° 2, N° 3, N° 4;

Par P. E. ROUVENAT.

* * *

PARIS,

V. DALMONT ET DUNOD,
ÉDITEURS,
Libraires des corps des ponts et chaussées
et des mines,
Quai des Augustins, 49.

COSSE ET MARCHAL,
IMPRIMEURS-ÉDITEURS,
Libraires de la Cour de cassation et de l'Ordre
des Avocats.
Place Dauphine, 27.

1858

ESSAI

SUR

L'EMPLOI DES FERS A DOUBLE T

DANS LA CONSTRUCTION DES PLANCHERS.

Premières recherches faites pour l'emploi des barres à double T.

C'est en 1849 que l'on est parvenu à fabriquer des barres en fer que l'on étire au laminoir, en leur donnant la forme d'un T à double tête ; on les a nommées barres à double T. L'usine de la Providence est la première qui fabriqua ces barres. Avant cette époque, on ne faisait que des poutres en fer de forge, composées du corps principal et de semelles reliées au corps par des cornières, à l'aide de rivets ou de boulons.

Les premiers praticiens qui employèrent ces barres à double T, aidés de leur expérience et bientôt renseignés par les ouvrages qu'ils exécutèrent, parvinrent à tirer de ceux qui offrirent de bons résultats quelques règles pratiques analogues à celles que les charpentiers en bois emploient fréquemment.

L'État, depuis longtemps, avait donné à M. Morin la mission de rechercher tous les documents relatifs à la construction des chemins de fer, d'expérimenter les matières, etc. Dès l'apparition de ces barres, ce savant ingénieur s'em-

                    ESSAI

pressa de les expérimenter au Conservatoire des arts et métiers. Toutes ses recherches sont consignées dans son ouvrage intitulé : *Résistance des matériaux.*

Cet auteur a appliqué à ces barres les formules adoptées pour les poutres en fer fondu ou construites en fer de forge.

Les expériences à la flexion ont donné des coefficients E très-inférieurs à ceux que tous les expérimentateurs ont trouvés en expérimentant les barres ordinaires à la traction longitudinale, ou bien à la flexion, quand elle s'exerçait sur des solides prismatiques à section carrée, ou à section rectangulaire placés de champ, dont les dimensions en hauteur et en largeur dépassaient rarement le rapport $\sqrt{2 : 1}$, convenable pour la stabilité.

Les formules qui ont pour but de reconnaître l'allongement élastique, appliquées aux barres à double T, sorte de prismes rectangulaires à section très allongée puisque la hauteur est souvent vingtuple de la largeur du corps principal, ont conduit cet auteur à admettre que leur allongement élastique est supérieur à celui qu'il a attribué aux fers de forge des dimensions les plus usuelles. Leur allongement a été de $0^m,0008$ par mètre linéaire (tableau n° 234), tandis que celui du fer de forge, dit fer en barres, est fixé à $0^m,00066$ (tableau n° 47).

M. Morin ayant remarqué que le premier résultat offre une quantité égale à celle de l'allongement élastique des fers doux passés à la filière de petite dimension, a été conduit à croire que ces barres à double T *sont généralement d'un fer tendre et flexible* (n° 270), ayant beaucoup d'analogie avec le fer doux. Cependant il est avéré que toutes les usines fabriquent *généralement* ces barres en fer n° 2, et, exceptionnellement sur commande particulière, en fer n°ˢ 3 ou 4, et que le fer n° 2 n'est aucunement l'espèce de fer éminemment ductile nommée *fer doux*. Le fer n° 2, ainsi que ceux n°ˢ 3 et 4, sont l'espèce de fer ductile simplement malléable, dite *fer de forge*, et parmi les diverses sortes de fer de forge, le n° 2 est le moins tendre et le moins flexible ; conséquemment, c'est le fer le plus dur, le plus aigre et le plus cassant de cette espèce, et il ne peut être comparé ni assimilé au fer éminemment ductile dit *doux*.

On est redevable à M. Morin d'expériences très-utiles sur la résistance que les solives en fer acquièrent par le cintrement, le scellement, l'entretoisement et le hourdage. Cependant cet auteur a conclu à considérer les solives en barres à double T comme solides droits posant librement sur deux appuis, ainsi qu'à leur appliquer le coefficient R qui incombe aux pièces de construction qu'aucun accessoire ne vient renforcer. Hâtons-nous de dire que, si M. Morin a négligé de recueillir la sorte de plus-value qui résulte du cintrement, du scellement, etc., il ne l'en a pas moins fait ressortir avec force, et que, pour l'utiliser, ce savant auteur a conseillé d'augmenter la force du scellement, afin de pouvoir considérer ces solives comme solides encastrés à leurs extrémités, lesquels sont réglés par la formule :

$$\frac{R\,I}{v'} = {}^{1}/_{3}\ \mathrm{p.}\ C^2,$$

ce qui présenterait un grand avantage sur l'application de celle :

$$\frac{R\,I}{v'} = {}^{1}/_{2}\ \mathrm{p.}\ C^2,$$

convenable aux solides posant librement sur deux appuis.

Ces résultats fort divers, les appréciations et les conclusions que M. Morin en a tirées, l'abandon de quelques plus-values, quelques bases n'offrant pas rigoureusement toute l'exactitude requise, ont paru susceptibles d'examen. Nous analyserons plusieurs expériences; nous essaierons de formuler une méthode pour fixer les valeurs P et i, en nous appuyant sur les documents que contient l'ouvrage de M. Morin, ainsi que sur ceux qu'on doit aux plus habiles ingénieurs : nous rechercherons les coefficients convenables à diverses qualités de fer, en observant leur division par catégories commerciales ; nous établirons les plus-values, et nous appliquerons ensuite les résultats aux barres à double T pour déterminer les portées des solives, suivant les divers cas d'emploi que la construction des planchers peut présenter.

On va transcrire le tableau fondamental composé par M. Morin pour les barres à double T.

1.

N° 1. TABLEAU DES BARRES EN FER A DOUBLE T,

Provenant des usines de *la Providence* et de celles de *Montataire*,

Composé par M. MORIN.

DÉSIGNATION du modèle.	HAUTEUR du profil. b.	HAUTEUR du corps entre les bourrelets. b'.	SAILLIE des bourrelets sur le corps. a'.	PLUS PETITE et plus grande largeur des nervures. a.	ÉPAISSEUR du corps correspondante. e_1	VALEUR DE $\frac{1}{v'}$	VALEUR du moment PG ou 1/2 p.C², convenable pour la stabilité.	POIDS de l'échantillon par mètre courant.	POIDS augmentés ou diminués par les dimensions e_1, a', b'. (8)
P₁.	m. 0 400	m. 0 088	m. 0 0190	m. 0 043 0 035	m. 0 005 0 007	m. 0 00002850 0 00003184	474 » 494 »	k. 9 » 12 »	D D
M₁.	0 400	0 085	0 0160	0 042 0 047	0 010 (1) 0 015 (2)	0 00003725 0 00004560	223 5 273 6	8 06 11 56	A A
P₂.	0 420	0 100	0 0205	0 045 0 050 (4)	0 005 (3) 0 005	0 00004018 0 00005218	241 4 343 4	11 » 15 »	D D
M₂.	0 420	0 105	0 0200	0 047 (5) 0 050	0 005 0 010	0 00004554 0 00005754	273 4 343 4	10 » 14 28	A A
P₃.	0 440	0 120	0 0205	0 047 0 053	0 006 0 012	0 00005590 0 00007544	335 1 462 5	14 » 20 »	D D
M₃.	0 440	0 123	0 0150 (6)	0 050 0 055	0 007 0 012	0 00007803 0 00008454	408 2 507 2	13 » 18 »	A A
P₄.	0 460	0 144	0 0205	0 048 0 053	0 007 0 012	0 00007727 0 00009850	463 6 594 5	45 » 25 »	D D
M₄.	0 460	0 142	0 0210	0 055 0 062	0 007 0 014	0 00044519 0 00013031	694 4 784 9	46 30 25 »	D D
P₆.	0 480	0 162	0 0235	0 055 0 062	0 008 0 015	0 00044198 0 00014978	674 9 898 7	20 » 30 »	D D
M₅.	0 480	0 162	0 0260	0 060 0 067	0 008 0 015	0 00044025 0 00015709	745 5 942 5	20 » 30 »	D D
M₆.	0 200	0 181	0 0285	0 065 0 073	0 008 0 016	0 00045467 0 00020300	940 » 4230 »	22 » 34 40	D D
P₇.	0 220	0 200	0 0275	0 064 0 074	0 009 0 016	0 00048224 0 00023871	4093 4 4532 3	26 » 40 »	D D
M₉.	0 220	0 204	0 0285	0 065 0 073	0 008 0 016	0 00017266 0 00023820	4042 » 4420 2	24 30 37 40	D D
P₈. (7)	0 260	0 236	0 0270	0 067 0 074	0 013 0 020	0 00029974 0 00037860	4798 4 2271 6	40 » 58 »	= D

(1) Pour tous les modèles e_1 a été pris au milieu du corps; au modèle M₁, le corps $e_1 = 0^m,005$, d'où $a' = 0^m,185$.

(2) M₁, échantillon épais : le corps $e_1 = 0^m,010$, d'où $a' = 0,0185$.

(3) P₂. Le corps $e_1 = 0^m,005$, d'où $a' = 0^m,020$.

(4) P₂, échantillon épais. Si $a = 0^m,050$, le corps $e_1 = 0^m,010$.

(5) $a' = 0^m,048$.

(6) $a' = 0^m,0215$.

(7) P₈. Quantités $\frac{1}{v}$, obtenues déduction faite des bourrelets du milieu.

(8) La lettre D indique les dimensions et poids diminués, la lettre A les dimensions et poids augmentés, et le signe = les dimensions et poids exacts.

Ce tableau sera l'objet de quelques observations importantes ; mais, avant de les présenter, on va exposer succinctement les règles des praticiens.

Exposition de la règle des praticiens.

Les premiers fers à double T ayant été fabriqués par *la Providence,* la règle des praticiens a été établie sur le poids et les dimensions des fers de cette usine.

La hauteur fixe des barres à double T a servi à régler la proportionnalité des portées et des écartements. Leur règle, analogue à celle des praticiens charpentiers, a consisté à faire la portée $2\,C = xb$ pour tel écartement donné, b étant la hauteur du modèle, x le nombre de fois, et x a varié suivant chaque écartement adopté.

Les praticiens se sont généralement accordés à varier les écartements par multiple de 5 centimètres ; à faire le plus petit écartement $= 0^{m},70$ et le plus grand $= 1^{m},00$; il en résulte sept écartements différents. Pour déterminer les portées, ils ont fait $2\,C = 30\,b$ à $1^{m},00$ d'écartement, $2\,C = 31\,b$ à $0^{m},95$, etc., jusqu'à $2\,C = 36\,b$ à $0^{m},70$ d'écartement.

N° 2. *Tableau de la portée des solives en fer à double* T, *selon les praticiens.*

ÉCARTE-MENT.	MUL-TIPLES de la hauteur,	HAUTEUR DES MODÈLES, ÉCHANTILLONS MINCES.						
		m. 0 10 — k. 9 »	m. 0 12 — k. 11 »	m. 0 14 — k. 14 »	m. 0 16 — k. 15 »	m. 0 18 — k. 20 »	m. 0 20 — k. 25 »	m. 0 22 — k. 26 »
m. 1 00	30	m. 3 00	3 60	4 20	4 80	6 40	6 00	6 60
0 95	31	3 10	3 72	4 34	4 96	5 58	6 20	6 82
0 90	32	3 20	3 84	4 48	5 12	5 76	6 40	7 04
0 85	33	3 30	3 96	4 62	5 28	5 94	6 60	7 26
0 80	34	3 40	4 08	4 76	5 44	6 12	6 80	7 48
0 75	35	3 50	4 20	4 90	5 60	6 30	7 00	7 70
0 70	36	3 60	4 32	5 04	5 76	6 48	7 20	7 92

M. Claudel, ingénieur, a fait mention sommairement de la règle des praticiens. Dans l'un de ses ouvrages (1) cet auteur dit :

« Les solives sont espacées de $0^m,80$ à $1^m,00$; leur hauteur
« est ordinairement comprise entre $\frac{1}{30}$ et $\frac{1}{35}$ de leur longueur,
« et on leur donne environ $\frac{1}{200}$ de flèche. Les solives sont reliées
« entre elles par des entretoises qui s'agrafent dans les murs
« et sur les solives. La pratique semble avoir confirmé qu'en
« prenant en moyenne 280 kilogrammes pour la charge totale
« par mètre carré, ce qui correspond à une surcharge d'une
« personne par mètre carré, on obtient une résistance suffisante ;
« cela est dû à l'augmentation de rigidité produite par la liaison
« des différentes pièces, par le hourdis et aux scellements dans
« les murs. »

Les ouvrages exécutés par les meilleurs praticiens selon leur règle pratique, ayant offert, dans un grand nombre de cas, des résultats satisfaisants, on ne pouvait renoncer aux avantages économiques qu'ils présentent et adopter *de plano* les portées résultant des données de la science, sans avoir la certitude que les hypothèses sur lesquelles elle s'appuie étaient exactes; on est désireux de bien faire, on ne doit pas dépenser inutilement.

Quant à l'emploi d'une règle, il est incontestable que celle formulée scientifiquement doit être préférée à l'à-peu-près des trente à trente-six fois la hauteur, admis par les praticiens. La règle scientifique satisfait à tous les cas de pesanteur et d'étendue suivant des termes précis ; c'est le seul mode d'appréciation digne de fixer les règles de l'art ; mais il faut que les termes de cette règle représentent exactement toutes les valeurs que les solides comportent, soit directement à l'aide d'une formule, soit accessoirement par le coefficient R. Ces valeurs doivent être chacune l'objet d'une expérimentation et d'une appréciation aussi exactes que possible ; aucune ne doit être négligée.

---

(1) *Formules, renseignements, aide-mémoire,* p. 768.

Examen du tableau des barres en fer à double T, composé par M. Morin.

M. Morin, obligé d'indiquer les dimensions b', a', e_1, nécessaires à l'application de la formule

$$\frac{RI}{v'} = \tfrac{1}{6} \frac{ab^3 - 2\,a'b'^3}{b},$$

applicable aux solives ayant la forme d'un T à double tête, déclare avoir relevé ces dimensions sur les catalogues publiés par les deux usines (n° 266).

La dimension de l'épaisseur du corps e_1, inscrite sur chaque figure des catalogues, est placée au niveau de l'axe neutre situé au centre de gravité. Ces dimensions sont peu exactes ; elles n'indiquent pas les fractions du millimètre. — A partir du centre, presque tous les profils accusent, à la simple vue, une augmentation du corps e_1 s'étendant jusqu'à ses jonctions avec les deux nervures qui s'y relient par quatre congés. Cette augmentation d'épaisseur du corps a été suggérée par l'emploi des cornières dans les poutres construites en fer, lesquelles cornières contribuent à augmenter la résistance de ces poutres près des semelles, précisément aux endroits où la compression et l'extension agissent puissamment.

M. Morin s'est borné à attribuer à l'épaisseur du corps e_1 les cotes inscrites au centre. Tout ce qui augmente l'épaisseur du corps prise au centre se trouve donc ajouté par cet auteur aux deux vides a', b'. La dimension du corps est trop faible, et celles des vides sont trop fortes ; il résulte de ce mesurage que le poids de chaque échantillon, calculé d'après les dimensions indiquées par M. Morin, ne correspond pas au poids réel inscrit dans la dernière colonne de son tableau, et que les valeurs $\dfrac{I}{v'}$ de ce tableau, ainsi que celles du moment PC ou $\tfrac{1}{2}$ p. C², ne

sont pas celles qui sont dues aux barres pesant les poids indiqués par les catalogues ; elles sont seulement les valeurs des
barres ayant les dimensions, en partie fictives, indiquées par
M. Morin, barres qui pèseraient les poids que ces dimensions
produisent, et non ceux déclarés par ces catalogues.

M. Morin a calculé le poids du fer à raison de 7,700 kilogr.
le mètre cube (n° 14), et à raison de 7,783 kilogr. (n° 295).
D'après l'*Annuaire du bureau des longitudes,* et suivant plusieurs auteurs, le poids du mètre cube de fer $= 7,788$ kilogr.
On emploiera cette quantité.

On va dresser un tableau qui indiquera exactement les surfaces en coupes correspondant au poids de chaque échantillon.

N° 3. *Tableau des poids et surfaces en coupe des barres à double T de* LA PROVIDENCE *et de* MONTATAIRE.

DÉSIGNATION.	HAUTEUR DES MODÈLES.								
	0m,10	0m,12	0m,14	0m,16	0m,18	0m,20	0m,22	0m,26	0m,30
PROVIDENCE. Poids	k 9 »	k 11 »	k 14 »	k 15 »	k 20 »	k 25 »	k 26 »	k (1) 36 40	k 65 »
Surfaces en millimètres carrés.	1155	1412	1797	1926	2568	3210	3338	4674	8346
Poids	k 12 »	k 15 »	k 20 »	k 25 »	k 30 »	k 35 »	k 40 »	k (1) 54 40	k 85 »
Surfaces en millimètres carrés.	1540	1926	2568	3210	3852	4494	5436	6985	10914
MONTATAIRE. Poids	k 8 06	k 10 »	k 13 »	k 16 50	k 20»	k 22 »	k 24 30	k 45 »	»
Surfaces en millimètres carrés.	1035	1284	1669	2149	2568	2825	3120	5778	»
Poids	k 11 56	k 14 28	k 18 »	k 25 »	k 30 »	k 34 40	k 38 »	k 61 »	»
Surfaces en millimètres carrés.	1484	1834	2311	3210	3852	4447	4879	7832	»

(1) Déduction faite des deux bourrelets du milieu.

On peut comparer toutes les surfaces insérées dans ce tableau à celles qui résultent des dimensions indiquées dans le tableau de M. Morin ; on reconnaîtra les différences de poids. Prenons pour exemple le premier modèle P_1; suivant M. Morin, on a :

Surface : $0^m043 \times 0^m100 - 0^m038 \times 0^m088 = 956$ millimètres carrés.
Poids : $956^{mm} \times 7788^k = 7^k445^{gr}$.

Le poids réel $= 9^k$; différence en moins : 1^k555, soit plus de $\frac{1}{6}$. Surface suivant M. Morin 956^{mmc}, nous avons 1155^{mmc}.

Tous les autres échantillons présentent des différences peut-être moins considérables, mais cependant assez importantes (1). Ayant effectué tous les calculs selon les dimensions indiquées par M. Morin, nous avons remarqué que les barres de *Montataire* ont moins varié de poids que celles de *la Providence*. A l'égard de l'observation relatée vers la fin du n° 365, elle serait très-atténuée. Dans le tableau n° 1, les modèles M_1, M_2, M_3, M_4, M_5, ont plus de valeur que les modèles P_1, P_2, P_3, P_4, P_5; dans celui qui va suivre, ce sont seulement les modèles M_4, M_5, M_8 qui l'emportent sur ceux P ; tous les autres modèles P sont plus forts que ceux M. — M_4 et M_8 pèsent plus que P_4 et P_8 ; ils devaient donc offrir des valeurs plus considérables ; M_5 seulement a le même poids que P_5, et le faible excédant qu'il obtient est donc attribuable à la combinaison des dimensions.

---

(1) La colonne à droite du tableau n° 1 indique les modèles dont le poids a été diminué ou augmenté.

Établissement des dimensions des barres à double T.

Les dimensions arrêtées par M. Morin dénotent le mode de sectionnement que cet auteur a adopté, et la configuration qui en résulte. Nous suivrons le même système de sectionnement.

Les dimensions principales a et b sont cotées exactement sur les catalogues ; on s'est rendu compte, aussi exactement que possible, de la surface du corps e_1 sur chaque profil de modèle, puis, retranchant cette surface de la surface totale, on a eu la surface des quatre bourrelets. Divisant la surface du corps e_1 par la hauteur b, on a eu l'épaisseur réduite de e_1 ; conséquemment on connaît a'. Divisant la surface des quatre bourrelets par $2\,a'$, on a eu $b - b'$, et conséquemment b'. Les congés compensent en partie l'arrondissement des arêtes des bourrelets, et, lorsqu'ils ont offert un excédant, cet excédant s'est trouvé reporté sur l'épaisseur des bourrelets qu'ils ont pour but de renforcer.

Lorsqu'on donnera le tableau fondamental rectifié, nous y joindrons une colonne contenant *le poids calculé* de chaque échantillon ; placée en regard de celle qui indiquera *le poids réel*, on verra qu'il y a similitude à quelques grammes près.

Les barres P_6 et P_9, confectionnées depuis la publication de l'ouvrage de M. Morin, seront jointes au nouveau tableau rectifié ainsi que celles M_8. A ce dernier modèle, l'on a tenu compte des quatre vides, bien que leurs dimensions ne soient pas indiquées dans le tableau.

N° 4. *Nouveau Tableau rectifié des barres droites à double* T *des usines de* la Providence *et de* Montataire.

NOTA. Pour le moment PC ou $\frac{1}{2}$ p. C^2. nous avons conservé le coefficient R proposé par M. MORIN; R = 6000000 kilogr.

DÉSIGNATION du modèle.	Hauteur du profil b.	Hauteur du corps entre les bourrelets b'.	Saillie des bourrelets sur le corps a'.	Plus petite et plus grande largeurs des nervures a.	Épaisseur du corps correspondante e_1.	VALEUR DE $\frac{1}{v'}$.	Valeur du moment PC ou $\frac{1}{2}$ p. C^2, convenable pour la stabilité.	Poids de l'échantillon par mètre courant.	Poids calculé selon les dimensions $b. b'. a. a'. e_1$.
	m,	m.	m.	m.	m.			k.	lk.
P_1	0 100	0 0858	0 01835	0 0430	0 0063	0 00003303	198 19	9 0	8 96
				0 0469	0 0102	0 00003953	237 19	12 0	12 0
M_1	0 100	0 0872	0 01815	0 0420	0 0057	0 00002989	179 34	8 06	8 06
				0 0465	0 0102	0 00003739	224 34	11 56	11 56
P_2	0 120	0 1050	0 01900	0 0450	0 0070	0 00004690	281 42	11 00	10 98
				0 0493	0 0143	0 00005722	343 34	15 0	15 00
M_2	0 120	0 1056	0 01950	0 0450	0 0060	0 00004420	265 20	10 0	9 98
				0 0496	0 0106	0 00005524	331 44	14 28	14 28
P_3	0 140	0 1230	0 01945	0 0470	0 0084	0 00006736	404 14	14 0	13 98
				0 0525	0 0136	0 00008532	511 94	20 0	19 98
M_3	0 140	0 1240	0 02150	0 0500	0 0070	0 00006573	394 39	13 0	12 99
				0 0546	0 0116	0 00008076	484 55	18 0	18 0
P_4	0 160	0 1434	0 02005	0 0480	0 0079	0 00008163	489 75	15 0	15 02
				0 0560	0 0159	0.00011576	694 55	25 0	24 98
M_4	0 160	0 1422	0 02350	0 0550	0 0080	0 00009389	563 35	16 50	16 48
				0 0618	0 0148	0 00012291	737 43	25 0	24 96
P_5	0 180	0 1612	0 02275	0 0550	0 0095	0 00012053	723 15	20 0	19 98
				0 0622	0 0167	0 00015944	956 43	30 0	30 07
M_5	0 180	0 1614	0 02550	0 0600	0 0090	0 00012545	752 74	20 0	20 0
				0 0671	0 0161	0 00016380	982 78	30 0	29 95
P_6	0 200	0 1776	0 02590	0 0620	0 0102	0 00017152	1029 13	25 0	24 92
				0 0684	0 0166	0 00021419	1285 13	35 0	34 90
M_6	0 200	0 1816	0 02800	0 0650	0 0090	0 00015385	923 11	22 0	22 04
				0 0730	0 0170	0 00020718	1243 11	34 40	34 50
P_7	0 220	0 1976	0 02720	0 0640	0 0096	0 00019830	1189 78	26 0	25 94
				0 0722	0 0178	0 00026444	1586 66	40 0	39 99
M_7	0 220	0 2004	0 02790	0 0650	0 0092	0 00018412	1104 74	24 30	24 28
				0 0730	0 0172	0 00024565	1494 94	38 0	37 99
P_8	0 260	0 2360	0 02700	0 0670	0 0130	0 00029987	1799 24	36 40(1)	36 44
				0 0759	0 0219	0 00040015	2400 88	54 40(1)	54 30
M_8	0 260	»	»	0 1000	0 0080	0 00047042	2822 54	45 0	44 99
				0 1079	0 0159	0 00056268	3376 08	64 0	60 99
P_9	0 300	0 2650	0 05245	0 1200	0 0157	0 00072167	4330 02	65 0	65 11
				0 1285	0 0242	0 00084918	5095 08	85 0	84 97

(1) Bourrelets du milieu déduits.

Il suffira de comparer ce tableau à celui n° 1 pour reconnaître les différences des valeurs $\dfrac{I}{v'}$, et $^1/_2$ p. C^2 ; elles sont surtout importantes sur les échantillons dont les dimensions admises par M. Morin avaient diminué ou augmenté fortement le poids.

Examen du tableau de la portée des solives selon les praticiens.

Le poids des planchers ordinaires des maisons d'habitation, à Paris, est admis généralement à 280 kilogr. par mètre carré de surface, y compris 70 kilogr. de poids additionnel pour personnes et meubles. Ce poids est celui qui a servi à M. Morin dans ses expériences n°s 314 et 315. L'extrait qu'on a donné, page 8, d'un passage de l'ouvrage de M. Claudel, fait voir qu'il a été admis aussi par cet auteur.

On va prendre ce poids pour tirer le moment $^1/_2$ p. C^2 des portées des praticiens.

N° 5. TABLEAU DU MOMENT $\frac{1}{2}$ p. C^2,

tiré des portées selon les praticiens.

ÉCARTEMENT des solives	CHARGE par mètre linéaire $\frac{1}{2}$ p.	0ᵐ,10 — C^2	0ᵐ,10 — $\frac{1}{2}$p.C^2	0ᵐ,12 — C^2	0ᵐ,12 — $\frac{1}{2}$p.C^2	0ᵐ,14 — C^2	0ᵐ,14 — $\frac{1}{2}$p.C^2	0ᵐ,16 — C^2	0ᵐ,16 — $\frac{1}{2}$p.C^2	0ᵐ,18 — C^2	0ᵐ,18 — $\frac{1}{2}$p.C^2	0ᵐ,20 — C^2	0ᵐ,20 — $\frac{1}{2}$p.C^2	0ᵐ,22 — C^2	0ᵐ,22 — $\frac{1}{2}$p.C^2
m.	k.	m.		m.		m.		m.		m.		m.		m.	
1 00	140	2 250	315 00	3 240	453 60	4 410	647 40	5 760	806 40	7 290	1020 60	9 000	1260 00	10 890	1524 60
0 95	133	2 402	319 46	3 460	460 18	4 709	626 29	6 450	817 95	7 784	1035 27	9 610	1278 13	11 628	1546 52
0 90	126	2 560	322 56	3 686	464 43	5 018	632 26	6 553	825 67	8 294	1045 04	10 240	1290 24	12 390	1561 14
0 85	119	2 722	323 91	3 920	466 48	5 336	634 98	6 969	829 34	8 820	1049 58	10 890	1293 94	13 476	1567 94
0 80	112	2 890	323 68	4 161	466 03	5 664	634 36	7 398	828 58	9 363	1048 66	11 560	1294 72	13 987	1566 54
0 75	105	3 062	321 51	4 410	463 05	6 002	630 24	7 840	823 20	9 922	1041 84	12 230	1286 25	14 822	1556 31
0 70	98	3 240	317 52	4 665	457 47	6 350	622 30	8 294	812 84	10 497	1028 70	12 960	1270 08	15 682	1536 84
Moyennes.			320 52		461 56		628 26		820 56		1038 52		1282 19		1554 44

HAUTEUR DES MODÈLES.

Ce tableau démontre que les moyennes des portées des praticiens, soumises au moment $^1/_2$ p C² indiqué par la règle scientifique, n'en diffèrent que de $\frac{1}{79}$ à $\frac{1}{54}$ environ, ce qui est une preuve de l'exactitude des observations pratiques à l'égard de l'étendue de la portée.

Le moment $^1/_2$ p. C² étant satisfait à $\frac{1}{62}$ près, le second membre de la formule

$$\frac{Rl}{v'} = {}^1/_2 \ p. \ C^2$$

est connu; dans l'autre membre $\dfrac{I}{v'}$ est connu aussi; il n'y a donc que R qui est inconnu. La formule qui fera connaître le coefficient est :

$$R = \frac{^1/_2 \ p. \ C^2}{\dfrac{I}{v'}},$$

Les sept modèles et les sept écartements produisent quarante-neuf portées. Pour éviter de faire quarante-neuf calculs fastidieux, on se bornera à en effectuer sept sur les moyennes; on a :

$$\text{Modèles minces de} \begin{cases} 0,10 = \dfrac{320,52}{0,00003303} = 9703900 \\[1.2em] 0,12 = \dfrac{461,56}{0,00004690} = 9841300 \\[1.2em] 0,14 = \dfrac{628,26}{0,00006736} = 9326900 \\[1.2em] 0,16 = \dfrac{820,56}{0,00008163} = 10052100 \\[1.2em] 0,18 = \dfrac{1038,52}{0,00012033} = 8616200 \\[1.2em] 0,20 = \dfrac{1282,49}{0,00017152} = 7475400 \\[1.2em] 0,22 = \dfrac{1331,41}{0,00019830} = 7823500 \end{cases} \ 8977000 \text{ moyenne} \quad (1)$$

---

(1) Nous avons cherché à découvrir les motifs qui ont engagé les praticiens à varier aussi fortement ces coefficients. (Voir p. 85.)

Comparaison du coefficient pratique R, selon M. Morin et selon les praticiens.

Le coefficient pratique R = 6000000 kilogr., proposé par M. Morin, est porté, en moyenne, à 9000000 kilogr., par les praticiens qui ont exécuté de bons planchers.

L'énorme différence que ces coefficients présentent provient de la manière de considérer les solides servant à la construction des planchers. Les praticiens ont tenu compte de la plus-value du cintrement, de celle du scellement, enfin de celle de l'entretoisement et du hourdage, ce qui a élevé le coefficient R du fer en barres droites et libres = 6000000 kilogr. à 9000000 kilogr., barres cintrées, scellées, etc. Ces causes additionnelles sont résumées par M. Claudel dans le passage déjà cité de cet auteur, ainsi que par M. Morin, paragraphe 316 ; bien étudiées, elles permettront de motiver avec justesse l'élévation du coefficient pratique R convenable aux solives de planchers.

Les bases sur lesquelles est établi le coefficient pratique R = 6000000 kilogr., paraissent aussi devoir être étudiées.

Jusqu'à présent presque tous les auteurs, après avoir recueilli un certain nombre de résultats P et i, provenant d'expériences diverses entre elles, ont conclu à établir une moyenne entre tous ces résultats, bien que leur variété dût indiquer l'établissement de plusieurs séries ou catégories de coefficients E ; et l'idée de varier les quantités n'a été proposée que pour le coefficient pratique R, toutefois sans formuler une règle précise, en sorte que le chiffre de ce coefficient se meut arbitrairement entre 4700000 kilogr. et 10000000 kilogr. (1), selon le jugement ou le caprice du constructeur. M. Morin en a cité un exemple applicable à la

(1) M. Claudel, *Formules, Tables,* etc., art. 220, p. 273.

fonte. Cet auteur déclare (n° 280) que les ingénieurs des chemins de fer ont varié les coefficients R fonte de telle sorte que, pour les ponts, la charge par millimètre carré s'est élevée jusqu'à 3 kilogr., ou s'est abaissée jusqu'à 1 kilogr., sans qu'aucune cause, aucun motif appréciables soient allégués ; le tableau n° 114, composé par M. Poirée, confirme cette observation (1).

La qualité des fers varie beaucoup. Le haut commerce de fabrication, intéressé à vendre selon la qualité, a, depuis longtemps, divisé les fers en plusieurs séries ou catégories. Nous nous appuierons sur les catégories commerciales pour fixer tous les éléments des coefficients E et R.

(1) M. Morin, n° 114 ; M. Claudel, n° 644, p. 908.

Division des fers de forge en séries ou catégories.

Depuis l'introduction en France de la méthode de fabrication anglaise, et surtout depuis sa généralisation dans presque toutes les usines à partir de 1819, cette méthode a eu pour effet commercial d'établir une nouvelle division des fers. Cette division a été provoquée et indiquée par le principe même de la méthode anglaise, lequel consiste à *convertir successivement des minerais, plus ou moins nettoyés ou lavés, en fonte brute, puis en une série de produits intermédiaires entre la fonte brute et le fer fini,* par l'emploi des feux de finerie, des fours à puddler et des fours à réchauffer, des laminoirs à cylindres de toute espèce et des marteaux, et par la substitution des combustibles minéraux au combustible végétal.

Le minerai mis en fusion produit la fonte brute ; la *fonte brute* est transformée en fonte qu'on affine, appelée *fin métal*, et cette *fonte fin métal* est, par le puddlage, transformée en *fer puddlé brut,* dit *fer n° 1.*

Les deux premières opérations sont en usage dans tous les pays où le combustible minéral est abondant et à bas prix. Dans ceux où le bois est commun, le charbon végétal d'un prix modéré, et les minerais souvent plus purs, on améliore le chauffage en le composant de coke et de charbon de bois, ou seulement de ce dernier combustible, et, alors, une seule opération remplace les deux premières. Le minerai, mis en fusion par ce meilleur chauffage, produit de la fonte d'assez bonne qualité, dite *fonte affinage* ou *fonte de forge*, équivalente au *fin métal* des Anglais, laquelle, puddlée, donne le fer brut n° 1.

Le fer n° 1 est faible, dur, aigre et cassant ; il est dépourvu de malléabilité pour la forge de construction ; mais chauffé au blanc, il peut être soudé à la grosse forge ; il est d'une texture plus fine que celle de la fonte et moins fine que celle du fer

malléable ; son poids est supérieur à celui de la fonte et inférieur à celui du fer fini ; il remplit la LACUNE de traction qui
existe entre les fontes grises de la meilleure qualité et les fers
de forge malléables de la moindre qualité et les moins forts à
la traction.

Ce fer brut n° 1 est converti en fer malléable, propre à la
forge de construction, par une opération appelée *ballage*. On
coupe les barres de fer n° 1 ; on en fait des trousses composées
de plusieurs assises, afin de donner beaucoup d'étirage, soit
en paquets à simple pile, soit en paquets à double pile ; on
les chauffe au blanc, puis on les lamine ; les pièces se soudent
entre elles et s'étirent en passant dans les cylindres, et chaque
trousse est convertie en barre d'une composition plus pure
et d'une texture plus serrée ; *c'est le fer n° 2*, fer suffisamment malléable pour la forge de construction.

Lorsqu'on veut obtenir une qualité supérieure au n° 2, on
augmente l'épaisseur des paquets (lesquels peuvent comprendre jusqu'à six assises), afin d'obtenir plus d'étirage qu'au
n° 2 : on chauffe au blanc et l'on soude les pièces entre elles
au marteau frontal, ce qui produit un refroidissement ; on
chauffe de nouveau pour revenir au blanc, puis on étire en
laminant. Le fer traité ainsi est dit *corroyé ;* le fer brut puddlé
n° 1 ayant subi deux chauffages, un martelage et un lami-
nage, s'est fortement épuré, et l'on obtient des produits supérieurs au n° 2 ; c'est le fer n° 3.

*Les trousses étant composées de fer n° 1 et de fer n° 2, pro-
duisent le fer n° 4.* Ces fers ont gagné encore en malléabilité
et en force à la traction.

On parvient à faire des *fers fins*, dits *extra forts* et *supérieurs*,
par de nouveaux corroyages au marteau, en variant encore la
composition des trousses et en traitant la fonte affinage ou le
fin métal uniquement au bois (1).

Les fers n° 2, 3 et 4 sont désignés comme espèce, par le

---

(1) On trouvera des détails très-étendus dans l'ouvrage de MM. Fla-
chat, Barrault et Petiet sur la fabrication de la fonte et du fer.

mot *métis* (1) et, sous le rapport de la qualité, par les mots : *ordinaire, petit-fort* ou *demi-fort* et *fort*.

Par suite des expérimentations qu'on est obligé de faire dans chaque usine sur les premiers produits obtenus, afin de varier le nettoyage des minerais, l'affinage de la fonte par le chauffage en employant les combustibles par espèces ou par mélanges à doses diverses, la composition des trousses et le traitement du fer fini, la force à la traction de chaque série-numéro est à peu près connue d'avance. Cette force a servi de base pour l'établissement des séries ou catégories, et chaque série-catégorie est devenue significative d'une force moyenne de traction avec tolérance d'un quantum en plus ou en moins.

Les premiers industriels qui présidèrent à la division de la force à la traction des fers par séries numériques catégorisées, renseignés par d'habiles ingénieurs attachés à leurs usines, ont essayé, en *composant les métis*, de s'appuyer sur des précédents qu'ils ont trouvés dans les ouvrages ayant trait à l'application du fer aux constructions.

Presque tous ces ouvrages font mention d'un fer faible en gros échantillons donnant 25 kilogr. à la traction, d'un fer fort en petits échantillons donnant 60 kilogr. à la traction, puis ils indiquent un fer moyen de 40 kilogr. ; ces trois types du fer fabriqué selon l'ancien procédé sont encore relatés dans le tableau n° 54 de M. Morin (2).

Les métis ne pouvaient atteindre aux plus hautes forces de traction, puisqu'elles sont l'apanage de l'extra et du supérieur ; on a dû borner les métis à la force du fer dit moyen des anciens auteurs. A l'égard du fer faible, l'étude de l'affinage et du ballage a permis d'atteindre facilement le taux indiqué par les anciens auteurs, et il a servi de minimum aux catégories dont le nombre a été indiqué par la série d'opérations qui produisent les fers n°ˢ 2, 3 et 4.

---

(1) Voir les mercuriales de Saint-Dizier, le prix courant de *la Providence*, etc.

(2) Voir aussi M. Claudel, n° 216, p. 255. — Ces distinctions, qui étaien convenables il y a quarante ans, sont aujourd'hui surannées.

Ces bases ont donné lieu au tableau suivant :

N° 6. *Tableau des fers de forge malléables, divisés en catégories, par qualités de malléabilité et de force à la traction.*

DÉSIGNATION DES FERS.	NUMÉROS des séries.	NOMS DES CATÉGORIES.	RÉSISTANCE A LA TRACTION.	
			Forces.	[Charge par millimètre carré.
				k.
	2	Ordinaire.......	Minima. . . .	25 000
			Moyenne. . .	27 500
			Maxima. . . .	30 000
Laminés métis., . . {	3	Petit-fort ou demi-fort (corroyé).	Minima. . . .	30 001
			Moyenne. . .	32 500
			Maxima. . . .	35 000
	4	Fort.. . . . . (corroyé demi-roche).	Minima. . . .	35 001
			Moyenne.. . .	37 500
			Maxima. . . .	40 000
Extra-fort.	5	Extra. . . . . (extra-martelé, roche.)	Minima. . . .	40 001
			Moyenne.. . .	45 000
			Maxima. . . .	50 000
Supérieur.	6	Supérieur. . . . . . (martelé, battu, roche.)	Minima. . . .	50 001
			Moyenne.. . .	55 000
			Maxima. . . .	60 000

Le laminé métis n° 2 à la houille est le fer usuel, marchand ; son cours sert de régulateur pour les métis n°s 3 et 4 à la houille corroyés, dits battus ou martelés, pour les métis bois, et pour les extra, houille ou bois.

On a employé souvent des fers n° 2, ou dits n° 2, qui ne donnaient pas 25 kilogr. à la traction, pour des objets sans travail de forge, tels que : linteaux, ancres, barreaux et généralement pour toutes sortes de pièces assemblées par percement avec vis, rivets, boulons, etc. Pendant longtemps le Creusot, première usine qui se mit complétement à l'anglaise en 1819, a livré un fer très-faible, dur, aigre et cassant qu'on ne pouvait forger et qui ne souffrait que les mains-d'œuvre que nous venons d'énumérer, lesquelles, on le remarquera, sont également particulières à la fonte. Maintenant on forge tout le fer n° 2 ou dit n° 2 du Creusot. L'usine prétend l'avoir amélioré, et les forgerons prétendent qu'ils ont trouvé la *manière de le prendre*.

L'introduction des fers anglais en France obligera peut-être les maîtres de forges à baisser la traction du n° 2, et conséquemment sa malléabilité, afin de lutter sans désavantage contre la concurrence. Les fers anglais n° 2 sont inférieurs aux nôtres de 2 à 3 kilogr. à la traction par millimètre carré. Le fer anglais de la *meilleure qualité*, petit échantillon de 0,^{m}013, expérimenté par M. Hodgkinson, a donné seulement 37 kilogr. 3 hectogr. à la rupture (M. Morin, n° 10). C'est la moyenne du n° 4 français ; les petits échantillons doivent dépasser les moyennes, et le numéro 4 français n'est pas la meilleure qualité. L'extra-martelé de Grenelle (M. Morin, n° 40) était un peu faible aussi, à cause du petit échantillon ; il a donné seulement 40 kilogr. 3 hectogr. en moyenne à la rupture (1).

Ces observations pourront servir à prémunir les constructeurs contre les fers anglais, si leur emploi se généralise, et contre les fers français les moins bons lorsqu'ils commanderont des pièces non forgées.

---

(1) M. Gouin et Ce, à Batignolles, nous a déclaré que les broches faites avec cet extra martelé ont été toutes prises dans du fer rond de 0^m,018 de diamètre, et que la charge de *rupture* du même fer, à la traction longitudinale, a été, par millimètre carré :

Celle minima.	40 k. 04 décagr.
Celle maxima.	40 56
. Celle moyenne	40 30

Cet extra, qui par sa dénomination appartient à la cinquième série ou catégorie de fer, confirme la classification générale formulée depuis longtemps par le haut commerce ; il est un peu faible, mais on sait que les fers fabriqués dans la banlieue de Paris sont souvent inégaux en qualités et en résistance à la traction. Ce léger défaut provient de leur composition, laquelle consiste en un mélange de fonte affinage, d'une qualité connue, avec de vieilles ferrailles dont les qualités très-variées sont inconnues.

La résistance à la rupture des fers de Paris pourrait donc différer de quelques kilogrammes avec les termes du tableau n° 6, sans qu'on puisse inférer de la dissemblance aucune conclusion contraire à l'attribution de résistance admise pour chaque série de fer de France par les industriels français, attendu que toutes les catégories ont été basées sur l'étude approfondie d'une fabrication dont les éléments et les dosages ont été précisés avec soin et exactitude.

Nécessité d'établir autant de coefficients qu'il y a de catégories.

Cet aperçu du mode de division des fers les plus usuels doit faire comprendre la nécessité d'établir autant de coefficients E qu'il y a de catégories.

L'élasticité du fer varie autant que la force de traction. Plus le fer malléable est nerveux et fort, plus il a d'élasticité et plus son allongement élastique est considérable. Faire un seul coefficient moyen, c'est supposer l'emploi du n° 3, fer exceptionnel. Un seul coefficient moyen diffère trop avec les extrêmes, pour lesquels MM. Duleau et Hodgkinson ont trouvé :

Au minimum E $=$ 16 121 000 000 kilogr.

Au maximum E $=$ 22 813 000 000 kilogr.

M. Morin a reconnu cette nécessité ; elle lui a été suggérée par l'expérimentation à la flexion des poutres n°ˢ 268, 269 et 271, du tube n° 284 et du tunnel n° 287. Les coefficients ont donné :

Au minimum E $=$ 10 065 000 000 kilogr.

Au maximum E $=$ 16 000 000 000 kilogr. (1),

selon la qualité des fers ; mais le fruit de cette excellente idée est en partie perdu, parce que ces coefficients viennent se confondre (tableau n° 234) avec d'autres coefficients qui s'élèvent

---

(1) M. Morin, cherchant à découvrir la cause de ces faibles coefficients E provenant des poutres à double T en fer malléable, dit (n° 270) : « *Les barres fabriquées au laminoir sont généralement d'un fer* TENDRE *et flexible.* » Le mot *tendre* nécessite une explication. Tous les fers, plus ou moins ductiles, qu'on peut étendre à chaud en les forgeant sont des fers *tendres*. Le fer *dur* est celui qu'on ne peut forger après l'avoir chauffé, ou qu'on ne peut forger qu'imparfaitement avec la plus grande difficulté ; tel était l'ancien n° 2 du Creusot dont nous avons parlé, et tel est le n° 2 anglais. Si ces poutres étaient en fer tendre, c'est-à-dire malléable, c'était une qualité. Le fer le plus tendre est nommé fer doux. Les barres à double T, qu'on trouve en immense quantité dans tous les dépôts, sont en fer ordinaire n° 2, fer malléable le moins tendre et le moins flexible des trois catégories. Ces faibles coefficients ont une autre cause.

à **18 000 000 000** et **20 000 000 000** kilogr., d'où il résulte que le coefficient moyen ne se rapporte à aucune sorte de fer définie exactement. La désignation : *fer laminé en barres* est trop générale ; elle convient aussi bien aux laminés n° 4 qu'aux laminés n° 2 ; celle : *fer de forge* peut comprendre les trois laminés *métis* aussi bien que les *extra* et *supérieur ;* enfin, par l'adjonction du *fer doux,* le coefficient cesse d'être celui des fers de forge simplement malléables de toutes sortes de qualités, et il n'est plus qu'une moyenne inégale entre les fers ductiles doux et de forge malléable qu'on emploie rarement, selon la proportion que ce coefficient indique (1).

---

(1) Cette moyenne (tableaux n°s 234 et 47) est :

$\frac{1}{3}$ fer en barres de $12^{k},205$ (n° 47) transformé en $14^{k}4 = 4_{k},8$

$\frac{1}{3}$ fer doux de $14^{k},75$ (n° 47) transformé en $13^{k},2$. . . . . $= 4^{k},4$

$\frac{1}{3}$ fer laminé et *tubes en tôle* de $9^{k},60$. . . . . $= 3^{k},2$

Total de la moyenne. . . . . $12^{k},4$

et alors $R = \dfrac{P}{2} = \dfrac{12\,400000}{2} = 6200000 = 6000000$ kilogr., compte rond.

Dans le cas où il n'y aurait pas emploi de fer doux, ce qui a lieu fréquemment, on n'aurait plus que $\dfrac{9^{k},6 + 12^{k},205}{2} = 10^{k}9025$ et $R = 5450000^{k}$; mais, attendu que par la forme, on pourra toujours distinguer, dans les constructions, les *laminés en* T et les *tubes en tôle* des barres ordinaires, il serait rationnel de régler ces barres ordinaires par le coefficient $R = \dfrac{12205000}{2} = 6102500 = 6000000$ kilogr., compte rond, et les T et tôle par celui $R = \dfrac{9600000}{2} = 4800000$ kilogr. Elever ce dernier coefficient à 6000000 kilogr., c'est admettre, en faveur de la matière la moins forte, que $R = \dfrac{5\,P}{8}$, tandis que la plus forte est réduite à $R = \dfrac{4\,P}{8}$, et s'il doit y avoir différence de proportion, on sent que c'est la conclusion opposée qu'il faut admettre.

On remarque encore que ce tableau fait mention :

d'une valeur E i', fer $= 9600000$ kilogr.

d'une valeur E i' fonte $= 9960000$ kilogr.

d'où il semblerait résulter que la transformation de la fonte affinage ou fin métal en fer n° 1, puis en fer laminé n° 2, produit un métal dont la force à la traction serait inférieure à celle de la fonte grise à grains fins, et qu'à égalité de dimensions, il y aurait avantage à préférer celle-ci au fer n° 2. Ces deux conséquences paraissent peu admissibles.

A l'égard de ces faibles coefficients provenant des poutres en fer malléable, on croit devoir faire remarquer que les solides d'une section rectangulaire très-allongée qu'on éprouve à la flexion *en les plaçant de champ,* ne peuvent donner des coefficients aussi élevés que ceux obtenus par les expérimentations à la traction longitudinale. Des ingénieurs du plus grand mérite contestent la parfaite connexité de la traction et de la flexion, même pour les solides placés de champ qui offrent en hauteur et en largeur le rapport $\sqrt{2:1}$. Dans ce dernier cas, ils admettent que les coefficients participent à la fois de ceux de la compression et de ceux de la traction ; et c'est à cette considération que pour les pièces en T ils ont imaginé de renforcer l'une des nervures, afin que la portion qui fonctionne selon la plus faible résistance acquière, par l'augmentation des dimensions de la nervure renforcée, un surcroît de résistance, capable de rendre cette portion égale à celle qui offre la plus grande résistance. Toutefois, quand ce rapport entre la hauteur et la largeur $\sqrt{2:1}$ est dépassé notablement, et c'est ce qui a lieu pour les barres en fer à double T, la stabilité est altérée et l'effet qui se produit, bien que provenant de la compression, se transforme et se manifeste par un signe très-remarquable qui est particulier aux solides instables : LE DÉVERSEMENT. *Tous ces solides à double T se déjettent en serpentant et se tordent* (1).

---

(1) M. Morin, p. 289 et 290 ; Rapport des officiers du génie de la Rochelle, cité p. 54 et 57 de cet Essai ; M. Zorès, *Recueil de fers spéciaux.*

Les expériences faites sur le bois en planches posées de champ ont donné lieu à des effets semblables, et depuis longtemps on a renoncé à faire des solives en planches.

M. Lagout, ingénieur, a observé que l'altération s'est produite d'abord dans la zone supérieure à l'axe neutre, placé au centre de gravité ; cela a également lieu dans le fer. Les bourrelets en bois ou en fer ne remédient qu'imparfaitement à cette altération particulière aux solides instables. Quand les solides sont trop méplats, ils ondulent en serpentant, et quand ils sont très-minces, comme ceux en tôle, ils se plissent et se voilent. Ces effets sont les premiers qui se produisent ; ils ont été remarqués sur les tubes rectangulaires (n° 264) ainsi que sur la grande poutre de M. Brunel (n° 268). Les poutres en tôle, à section rectangulaire de 2^{m}25 de hauteur, placées à l'extérieur du pont de chemin de fer

C'est donc plutôt un effet *torsif*, agissant par déplacement et repoussement des molécules de la matière, qu'un effet *compressif* agissant par resserrement et retrait ou diminution de leur volume, qui se produit dans la partie des fibres la plus éloignée de l'axe neutre ; d'où l'on peut supposer que les coefficients donnés par ces solides à section rectangulaire très-allongée sont en quelque sorte, lorsqu'on les place de champ, une moyenne entre ceux de la traction longitudinale, de la compression et de la torsion, dans des proportions inégales, en attribuant d'abord, pour la portion inférieure à l'axe neutre $\frac{1}{2}$ à la traction, les autres termes devant être déterminés selon que la proportion $\frac{b}{2} : a,$ accusera un rapport plus ou moins considérable.

On ne doit pas, non plus, confondre les coefficients tirés d'ouvrages de construction, composés d'une infinité de pièces assemblées diversement et souvent de différentes qualités, avec ceux obtenus d'un solide d'une seule pièce de qualité unique (1). La superposition des pièces ou leur juxtaposition, les assemblages, si bien faits qu'ils soient, offrent toujours du jeu. L'état constructif ne peut équivaloir à la cohésion des molécules de la matière, ni représenter un solide unique. Ces coefficients ne doivent servir qu'à découvrir le quantum à ajouter à chaque pièce dont les constructions sont composées si l'on veut obtenir des résultats identiques à ceux que la règle théorique indique, ainsi qu'à connaître la proportion dans laquelle l'exécution peut, sans danger, s'écarter de la rigueur de la règle théorique lorsque les constructions donnent des résultats satisfaisants.

Les coefficients doivent être appropriés à chaque espèce de fer et dans chaque espèce à chaque qualité; ils doivent être

---

qui traverse la Seine à Asnières, sont un peu déjetées, quoique contreventées par des entretoises, et ne fonctionnent pas d'une manière très-satisfaisante. Tous ces effets proviennent d'un manque de stabilité.

(1) M. Morin, avant-dernier alinéa du n° 273, dit : Il n'est pas étonnant que le coefficient de la poutre de M. Kaulek soit un peu inférieur à ceux provenant des barres à double T, l'ensemble de la construction consistant en matériaux moins solidaires entre eux que ces barres.

obtenus par des expérimentations à la traction longitudinale, aussi belles et aussi précises que celles exécutées par M. Hodgkinson sur du fer n° 4, de 37 kilogr. 3 hectogr. et sur de la fonte de 11 kilogr. 4 hectogr. Espérons que M. Morin voudra en entreprendre de semblables sur les fers et les fontes des trois catégories.

Recherche des coefficients E, fer et fonte.

Plusieurs habiles ingénieurs ont fait des expériences sur le fer moyen ancien de 40 kilogr. à la traction, lequel est actuellement le fer n° 4. MM. Duleau, Navier, Tredgold et Hodgkinson fournissent des renseignements concordants. Le coefficient du fer n° 2, qu'on peut assimiler au fer faible ancien de 25 kilogr. à la traction, est donné par MM. Duleau et Hodgkinson; celui du fer n° 3 n'a pu être trouvé dans aucun auteur; mais il peut être facilement déduit de ceux du n° 2 et du n° 4, ou mieux des bases P et i qui produisent ces coefficients.

Pour le fer le moins fort, c'est-à-dire le n° 2, MM. Poncelet et Morin ont proposé des coefficients très-différents de ceux obtenus par MM. Duleau et Hodgkinson (1).

Les éléments des coefficients E sont les valeurs P et i.

M. Poncelet (tableau n° 47 de M. Morin) propose de faire :

$$P = 12{,}205^{gr.}$$
$$i = 0^m{,}00066$$
$$\text{d'où} \quad E = 18484^k$$

pour un millimètre carré de section.

M. Morin (tableau n° 254) propose de faire :

$$P = 9^k{,}600^{gr.}$$
$$i = 0^m{,}0008$$
$$\text{d'où} \quad E = 12000^k$$

pour un millimètre carré de section.

Si l'on compare ces données entre elles, on reconnaîtra qu'elles manquent de concordance.

Les fers éprouvés à la traction longitudinale offrent des termes P et i qui varient toujours dans le même sens, qui est

---

(1) M. Duleau, $E = 16121$ kilogr.
M. Hodgkinson, $E = 16778$ kilogr. $\Big\}$ pour 1^{mm} carré de section.

celui de la traction. Si la traction croît, P et i croissent ; si la traction décroît, P et i décroissent. Les expériences de MM. Navier et Tredgold, d'une part, celles de M. Hodgkinson, d'une autre part, confirment cette loi : en effet, pour une différence très-faible de traction (2 k. 7), ayant donné en charge limite d'élasticité P 1 k. 3, quantité inférieure de moitié à celle de 2 k. 605 qui sépare MM. Poncelet et Morin, les valeurs P et i que MM. Navier, Tredgold et Hodgkinson ont trouvées suivent la relation indiquée (1). Chez les deux auteurs que nous mettons en parallèle, ce serait l'opposé : la limite P de M. Poncelet est supérieure à la limite P. de M. Morin, tandis que l'allongement i de M. Poncelet est inférieur à l'allongement i de M. Morin. Il semble, dès lors, que ces deux propositions s'excluent mutuellement, ou qu'elles doivent être considérées comme résultant de cas particuliers, dont la moyenne des termes pourrait approcher de ceux que des résultats plus normaux auraient pu faire connaître. Cette hypothèse admise, on aura :

$$P = 10^k,90, \text{ et } i = 0^m,00073.$$

On verra plus loin que ces deux termes sont compris dans ceux que nous attribuons au fer n° 2, lesquels aussi donneront des coefficients E conformes aux coefficients du fer faible de MM. Duleau et Hodgkinson.

Les auteurs partisans de l'élasticité n'ont donné aucune règle précise pour déterminer la limite P. Il y a une règle naturelle qui a été présentée par les antagonistes ; elle consiste à n'admettre aucun allongement permanent ; mais comme elle ne donne que des charges P extrêmement minimes, on a reconnu qu'on peut tolérer, sans inconvénients, les allongements permanents lorsqu'ils ne dépassent pas une certaine étendue.

Ainsi, pour le fer, M. Morin admet sans hésitation l'allongement permanent de $0^{mm}01$ par mètre de longueur (n° 11), lequel est produit par la huitième charge, correspondante aux $\frac{15}{37}$ de la rupture, soit $\frac{4}{10}$; l'allongement permanent de $0^{mm}033$, neuvième charge, correspondante aux $\frac{45}{100}$ de la rupture, est

---

(1) Voir p. 38 et 39.

passé sous silence, et celui de la dixième charge, correspondante aux $\frac{5}{10}$ de la rupture, est rejeté complétement.

Pour la fonte, M. Morin admet l'allongement permanent de $0^{mm},056$, huitième charge correspondante aux $\frac{59}{104}$ de la rupture (n° 16).

On voit que l'allongement permanent toléré dans la fonte est beaucoup plus considérable que celui toléré dans le fer. Il absorbe les $\frac{6}{10}$ de la rupture, tandis que l'allongement permanent du fer, qui absorbe seulement $\frac{5}{10}$ de la rupture, est rejeté d'emblée, quoique cette proportion soit inférieure à celle $\frac{5}{10}$ acceptée pour la fonte. Les motifs de cette faveur sont que tous les allongements permanents, jusqu'à $0^{mm},056$, sont proportionnels ; ils n'en existent pas moins et ils constituent une atteinte grave à la résistance qu'on doit trouver au delà de la charge en service. Selon nous, il serait plus rationnel de tolérer dans le fer un allongement permanent plus considérable que dans la fonte, cette dernière matière étant évidemment moins élastique et très-inférieure au fer en résistance à l'extension et à la flexion ; l'on ne peut s'expliquer cette partialité, qu'en supposant que M. Morin a voulu conserver à la fonte la limite P insérée dans le tableau n° 47.

Ces observations montrent qu'il y a une grande irrégularité dans la fixation de la limite d'élasticité du fer et de la fonte, conséquemment dans celle de l'allongement i.

On devrait fixer ces limites à l'aide d'une méthode ou règle applicable aux deux variétés du métal, règle commune ou différentielle, laquelle, dans ce dernier cas, accorderait la plus faible proportion d'allongement permanent à la matière la moins élastique et la moins résistante à la rupture, et la plus forte proportion à la matière la plus élastique et la mieux résistante.

Pour parvenir à fixer la limite P et l'allongement i selon ces principes, et pour connaître la relation qui existe entre l'allongement permanent d'une étendue donnée dans l'allongement total i et la limite d'élasticité P, nous avons cherché dans les tableaux n° 10 et 15, traduits de M. Hodgkinson par M. Morin, quels seraient les charges et les allongements totaux correspondant à divers allongements permanents.

3

Nº 7. *Tableau des allongements permanents de diverses étendues, fer et fonte, indiquant la charge limite d'élasticité P et l'allongement total i, correspondant à chaque allongement permanent.*

NOTA. Les charges de rupture sont : fer 37^k,31, fonte 11^k,05, suivant M. Tom Richard, qui, en outre, a indiqué les charges successives, en les faisant égales à 1, 2, 3 fois, etc., la première charge exécutée en livres troy anglaises, comptées pour 0^k,3730956.

ALLONGEMENTS. permanents		LIMITE D'ÉLASTICITÉ P.		ALLONGEMENT TOTAL			
des tableaux.	inter- médiaires	Fer.	Fonte.	en fractions décimales.		en fractions aliquotes.	
				Fer.	Fonte.	Fer.	Fonte.
mm	mm		k	m	w		
0 0089	»	»	2 239	»	0 000240	»	«
0 0101	»	14 924	2 396	0 000760	0 000258	$\frac{1}{1316}$	$\frac{1}{3876}$
0 0146	»	15 289	2 985	0 000782	0 000326	»	»
»	0 0150	15 321	3 025	0 000784	0 000334	$\frac{1}{1275}$	$\frac{1}{3021}$
»	0 0200	15 727	3 529	0 000809	0 000392	$\frac{1}{1236}$	$\frac{1}{2551}$
0 0220	»	15 889	3 731	0 000849	0 000446	»	»
»	0 0250	16 132	3 978	0 000834	0 000447	$\frac{1}{1199}$	$\frac{1}{2237}$
»	0 0300	16 537	4 394	0 000859	0 000500	$\frac{1}{1184}$	$\frac{1}{2000}$
0 0310	»	16 618	4 477	0 000864	0 000514	»	»
»	0 0320	16 699	4 539	0 000868	0 000549	»	»
0 0330	»	16 789	4 608	0 000873	0 000528	»	»
»	0 0350	16 864	4 726	0 000894	0 000544	$\frac{1}{1122}$	$\frac{1}{1838}$
»	0 0400	17 051	5 037	»	0 000586	»	»
0 0430	»	17 163	5 223	»	0 000614	»	»
»	0 0450	17 238	5 348	»	0 000628	»	»
»	0 0500	17 425	5 658	»	0 000672	»	»
0 0550	»	17 621	5 970	»	0 000715	»	$\frac{1}{1399}$

Ce tableau fait voir : que, pour la fonte de 11^k,05, si l'on admet P $=$ 5^k,97 avec allongement permanent de 0^{mm},055, P, fer de 37^k,30 $=$ 17^k,621 avec allongement permanent égal ; que, pour le fer de 37^k,31, si l'on admet P $=$ 14^k,924 avec allongement permanent de 0^{mm},04, P, fonte de 11^k,05 $=$ 2^k,396 avec allongement permanent égal. On peut faire des rapprochements analogues sur chaque allongement permanent intermédiaire.

On voit encore que les allongements totaux dénotent des

rapports très-différents de ceux insérés dans le tableau n° 47
de M. Morin ; en voici le rapprochement :

		ALLONGEMENT TOTAL produit par la limite d'élasticité P.	
		Fer.	Fonte.
Tableau n° 47.		$\frac{1}{1520}$	$\frac{1}{1400}$
	mm		
TABLEAU PRÉCÉDENT.	0 01	$\frac{1}{1316}$	$\frac{1}{3876}$
Allongement total produisant l'allongement permanent.	0 02	$\frac{1}{1286}$	$\frac{1}{2551}$
	0 03	$\frac{1}{1164}$	$\frac{1}{2000}$
	0 04	$\frac{1}{1122}$	$\frac{1}{1838}$

Ainsi le tableau n° 47 indique que le fer est moins allon-
geable, moins élastique que la fonte, puisque son allongement
élastique est inférieur à celui de la fonte ; mais cela n'a lieu qu'à
condition d'altérer l'allongement élastique par un allongement
permanent qui est beaucoup plus considérable dans la fonte
que dans le fer, tandis que, si l'on rétablit l'égalité de l'allongement permanent dans les deux matières, on reconnaît la su-
périorité du fer sur la fonte ; on voit qu'elle est presque *triple*
quand l'allongement permanent n'excède pas $0^{mm},01$, et plus
que *double* quand il s'élève à $0^{mm},03$, d'où il résulte qu'il y
aura toujours plus de sécurité à employer le fer suivant tel allongement permanent donné avec la charge P qui lui incombe,
que la fonte avec le même allongement permanent et la charge P
qui lui incombe aussi ; et que, si l'on doit tolérer des allongements permanents, ils doivent être, dans la fonte, moindres de
moitié ou de deux tiers que dans le fer, pour trouver le même
degré de sécurité.

Établissement des coefficients E.

Lorsqu'on ne fait qu'une seule catégorie de fonte grise, la rupture instantanée est généralement admise à $13^k,000$, en moyenne, par millimètre carré de section, et les ingénieurs prudents conseillent de ne porter la charge en service qu'à $\frac{1}{4}$, $\frac{1}{5}$ et même $\frac{1}{6}$ de la rupture. M. Fairbairn émet ce dernier avis qui paraît être aussi celui des ingénieurs des eaux de Paris, puisqu'ils ont fait $R = 2^k,17$ (n° 21 de M. Morin) , soit $\frac{13^k,000}{6}$.

Si l'on fait le coefficient pratique $R = \frac{P}{2}$, la limite d'élasticité devient, en se conformant aux prescriptions ci-dessus indiquées : $\frac{2}{4}$, $\frac{2}{5}$, $\frac{2}{6}$ de la charge de rupture à la traction longitudinale T, soit $0,5$ T, $0,4$ T, $0,333$ T.

On a déjà vu que M. Morin repousse la charge P du fer de M. Hodgkinson qui s'étend jusqu'à $0,5$ T, et qu'il admet avec assurance celle $\frac{15}{37} = 0,4$ T. Interprétant son silence au sujet de la charge intermédiaire qui a donné $0,45$ T, on peut donc supposer discutable, pour le fer $T = 37^k,31$, une proportion un peu supérieure à $0,4$ T $= P$ et un peu inférieure à $0,5$ T $= P$.

MM. Navier et Tredgold ont admis tous deux que le fer $T = 40^k,000$, fait $P = 18^k,000$, d'où $\frac{P}{T} = 0,45$; fraction semblable à la moyenne entre la fraction rejetée par M. Morin et celle qu'il admet avec certitude. Cette fraction nous paraît devoir être adoptée pour le fer n° 4 de 40 kilogr., et l'on remarquera que le fer Hodgkinson, de $37^k,30$, prendra nécessairement une proportion un peu moindre, ce qui reviendra à se rapprocher de celle $0,4$ T admise d'emblée par M. Morin.

Si l'on se borne à admettre que $0,45$ T $= P$ fer de 40 kilogr., on rejettera la fraction $0,5$ T $= P$ pour la fonte de $13^k,000$, parce qu'elle est supérieure à celle qu'on vient d'admettre pour le fer fort, d'après trois auteurs, et que, suivant les conclusions qui ressortent du tableau n° 7, c'est une fraction inférieure à celle du fer qui doit être appliquée à la fonte, si l'on veut que l'allongement permanent de la fonte soit inférieur à celui toléré dans le fer ou qu'il ne l'excède pas.

On n'a plus à appliquer à la fonte que les fractions 0,4 T et 0,333 T.

MM. Minard et Desormes ont reconnu que la fonte de construction la plus faible à la traction $= 8^k,50$; M. Hodgkinson a prouvé que la fonte la plus forte $= 18^k,10$.

Si les fractions 0,333 T et 0,4 T sont applicables à toutes les fontes de diverses qualités, on devra, par prudence, admettre la fraction inférieure pour la fonte de la plus faible traction, sauf à ne pas dépasser 0,4 T au plus pour la fonte moyenne de 13 kil. Admettant 0,333 T pour la fonte la plus faible, on verra bientôt que cette fonte moyenne, de 13 kilogr., prend seulement la fraction 0,38 T, et que celle 0,4 T est dévolue à la fonte de $15^k,5$; on n'aura donc pas dépassé la fraction moyenne proposée pour la fonte de force moyenne par d'habiles ingénieurs ; cette fonte moyenne sera, rapprochée de la plus faible fraction proposée, celle 0,333 T, et, conséquemment, on sera dans des conditions de sécurité très-convenables.

La fraction la plus faible, appliquée à la fonte faible de MM. Minard et Desormes, donne : $P = 2^k,833$.

Nous avons déjà dit (1) que le fer brut n° 1 comble la lacune qui existe entre la fonte grise la plus forte et les métis les moins forts, c'est-à-dire qu'il donne $18^k,000$ à $24^k,999$ par millimètre carré à la rupture. A l'appui de cette remarque, on fait observer que M. Duleau, qui a collectionné tous les fers éprouvés de cette manière, fait mention d'un fer faible qui n'a donné que 18 kilogr. Cet ingénieur n'en a pas trouvé de plus faible, et ce fer est précisément égal, en traction, à celle de la fonte la plus forte expérimentée par M. Hodgkinson.

Les quantités P, minima pour la fonte faible, et P, maxima pour le fer fort, sont déterminées ; les quantités P intermédiaires doivent s'échelonner entre celles maxima et minima

---

(1) Page 22.

dans un ordre régulier suivant T, d'après les précédents établis.

Opérant ainsi, nous avons trouvé :

Que la fonte de M. Hodgkinson, pour laquelle $T = 11^k,05$, donne : $P = 4^k,061 = 0,3675\, T$, et $i = 0^m,0004616$ (tableau n° 7), ou $\frac{1}{2166}$; allongement permanent $= 0^m,000026$, soit $\frac{26}{1000000}$;

Que le fer du même auteur, pour lequel $T = 37^k,31$, donne : $P = 16^k,705 = 0,4477\, T$, et $i = 0^m,000868$ (tableau n° 7), ou $\frac{1}{1152}$; allongement permanent $= 0^m,000032$, soit $\frac{32}{1000000}$;

Que les fers de MM. Navier et Tredgold, pour lesquels $T = 40^k,000$, $P = 18^k,000$ et $i = 0^m,000915$, ayant leurs termes très-rapprochés de ceux du fer de M. Hodgkinson, font présumer, avec beaucoup de vraisemblance, que ces deux ingénieurs ont toléré aussi des allongements permanents d'environ $\frac{32}{1000000}$ à $\frac{33}{1000000}$;

Que le fer de M. Poncelet (tableau n° 47 de M. Morin), très-inférieur en P à ceux de MM. Navier, Tredgold et Hodgkinson, qui appartiennent au n° 4, se trouve classé en P à la traction 28 kilogr. du n° 2 ($12^k,205$, au lieu de $12^k,222$), et que l'allongement total i est la moyenne entre les allongements que MM. Poncelet et Morin ont attribués aux laminés *métis* de la moindre résistance ;

Que cet allongement des laminés métis n° $2 = 0^m,00073$, découle aussi des cofficients E de MM. Duleau et Hodgkinson, pour le fer faible ;

Que la tolérance de l'allongement permanent : fonte $\frac{26}{1000000}$, fer $\frac{32}{1000000}$, est environ la moyenne entre l'allongement le plus minime admis d'emblée, pour le fer, par M. Morin, et celui maximum que cet auteur a toléré pour la fonte

$$\left(\frac{0^m,00001 + 0^m,000055}{2} = 0^m,0000325 \right).$$

Construction du tableau suivant, N° 8.

		k	k	m
Fer.. {	M. Navier.	T=40, »	P=18, »	i=0,00093.
	M. Tredgold.	T=40, »	P=18, »	i=0,00090.
	Moyennes.	T=40; »	P=18, »	i=0,000915.
Fonte. {	MM. Minard et Desormes. . . .	T= 8, 5	P= 2,833	i= »
	Différences.	T=31, 5	P=15,166, etc.	»
		T= 1, »	P= 0,4814814	»
Fer. . .	M. Hodgkinson. . .	T=37,31	P=16,705	i=0,0008683.
Fonte. .	Le même.	T=11,05	P= 4,061	i=0,0004616.
	Différences.	T=26,26	P=12,644	i=0,0004067.
		T= 1,00	P= 0,4814	i=0,0000154874.

N° 8. Tableau indiquant :

La force T des fers et des fontes à la traction longitudinale ;

La charge P limite de l'élasticité par millimètre carré, avec tolérance d'un allongement permanent d'environ $\frac{32}{1000000}$ par mètre de longueur de barre en fer et $\frac{24}{1000000}$ par mètre courant de barre en fonte ;

L'allongement total i par mètre de longueur de barre, en fractions décimales et en fractions aliquotes ;

L'allongement kilogrammètre ;

Le rapport $\frac{P}{T}$ de la limite d'élasticité à la rupture ;

Le module d'élasticité ou coefficient E, par mètre carré.

Nota. Les moyennes de chaque catégorie sont marquées par la lettre M.

DÉSIGNATION DES MATIÈRES.	QUALITÉ DES MATIÈRES.	FORCE à la traction T par millimètre carré. (k.)	CHARGE LIMITE d'élasticité P par millimètre carré. (k.)	ALLONGEMENT TOTAL i relatif à la limite d'élasticité par mètre de longueur. — Fractions décimales. (m.)	Fractions aliquotes.	ALLONGEMENT kilogrammètre $\frac{i}{P}$. (m.)	RAPPORT de l'élasticité à la rupture $\frac{P}{T}$.	MODULE D'ÉLASTICITÉ ou coefficient E par mètre carré $\frac{P}{i}$.
Fonte grise.	Ordinaire.	8 500	2 833	0 0004371	[illegible]	0 0004507	0 3333	6633407000
		9 000	3 074	0 0004358	[illegible]	0 0004444	0 3446	7059917000
		9 500	3 345	0 0004426	[illegible]	0 0004385	0 3489	7489680000
		M. 10 000	3 556	0 0004503	[illegible]	0 0004266	0 3556	7896987000
		10 500	3 796	0 0004581	[illegible]	0 0004207	0 3615	8286400000
		11 000	4 037	0 0004658	[illegible]	0 0004154	0 3670	8666809000
		11 499	4 277	0 0004736	[illegible]	0 0004107	0 3719	9030827000
	Demi-forte.	11 500	4 278	0 0004736	[illegible]	0 0004107	0 3720	9032934000
		12 000	4 518	0 0004843	[illegible]	0 0004065	0 3765	9387076000
		12 500	4 759	0 0004890	[illegible]	0 0004028	0 3807	9732405000
		13 000	5 000	0 0004968	[illegible]	0 0003994	0 3846	10061442000
		M. 13 250	5 120	0 0005007	[illegible]	0 0003978	0 3864	10225684000
		13 500	5 244	0 0005045	[illegible]	0 0003963	0 3882	10388503000
		14 000	5 484	0 0005123	[illegible]	0 0003935	0 3915	10698809000
		14 500	5 722	0 0005200	[illegible]	0 0003909	0 3946	11004230000
		14 999	5 962	0 0005277	[illegible]	0 0003885	0 3975	11440858400
	Forte.	15 000	5 963	0 0005278	[illegible]	0 0000884	0 3975	14408374000
		15 500	6 204	0 0005355	[illegible]	0 0000863	0 4002	14588437000
		16 000	6 444	0 0005433	[illegible]	0 0000843	0 4027	14860850000
		M. 16 500	6 685	0 0005340	[illegible]	0 0000825	0 4051	12132486000
		17 000	6 926	0 0005587	[illegible]	0 0000807	0 4074	12396635000
		17 500	7 167	0 0005665	[illegible]	0 0000790	0 4098	12654368000
		18 000	7 407	0 0005712	[illegible]	0 0000775	0 4145	12899686000
Fer dur brut, n° 4, non byreau commerce.		18 000 à 24 999		LACUNE.				
	N° 2. Ordinaire.	25 000	10 777	0 0006827	[illegible]	0 0000633	0 4340	15785850000
		26 000	11 239	0 0006984	[illegible]	0 0000620	0 4330	16128064000
		27 000	11 740	0 0007136	[illegible]	0 0000608	0 4348	16451793000
		M. 27 500	11 981	0 0007214	[illegible]	0 0000602	0 4356	16607984000
		28 000	12 222	0 0007292	[illegible]	0 0000587	0 4365	16760833000
		29 000	12 703	0 0007446	[illegible]	0 0000580	0 4380	17060166000
		30 000	13 485	0 0007601	[illegible]	0 0000576	0 4395	17316401000
Fer laminé métis, à la houille.	N° 3. Petit-fort ou demi-fort. (corroyé.)	30 000	13 485	0 0007601	[illegible]	0 0000576	0 4395	17316401000
		31 000	13 667	0 0007756	[illegible]	0 0000567	0 4409	17624196000
		32 000	14 148	0 0007944	[illegible]	0 0000559	0 4424	17883959000
		M. 32 500	14 389	0 0007988	[illegible]	0 0000555	0 4402	18013269000
		33 000	14 630	0 0008065	[illegible]	0 0000551	0 4433	18140144000
		34 000	15 111	0 0008220	[illegible]	0 0000544	0 4444	18383244000
		35 000	15 592	0 0008376	[illegible]	0 0000537	0 4455	18615090000
	N° 4. Fort. (corroyé 1/2 roche.)	35 000	15 592	0 0008376	[illegible]	0 0000537	0 4455	18615090000
		36 000	16 074	0 0008530	[illegible]	0 0000531	0 4465	18844079000
		37 000	16 556	0 0008685	[illegible]	0 0000525	0 4475	19062754000
		M. 37 500	16 796	0 0008762	[illegible]	0 0000522	0 4479	19160139000
		38 000	17 037	0 0008850	[illegible]	0 0000519	0 4483	19272624000
		39 000	17 518	0 0008993	[illegible]	0 0000513	0 4491	19464146000
		40 000	18 000	0 0009450	[illegible]	0 0000508	0 4500	19672434000
Fer roche corroyé, martelé, battu.	Extra-fort.	40 000	18 000	0 0009450	[illegible]	0 0000508	0 4500	19672434000
		M. 45 000	20 407	0 0009924	[illegible]	0 0000486	0 4535	20563280000
		50 000	22 814	0 0010698	[illegible]	0 0000469	0 4563	21325480000
	Supérieur.	50 000	22 814	0 0010698	[illegible]	0 0000469	0 4563	21325480000
		M. 55 000	25 222	0 0011472	[illegible]	0 0000455	0 4586	21985701000
		60 000	27 629	0 0012247	[illegible]	0 0000443	0 4605	22559810000

Remarques sur ce tableau.

On peut s'assurer que tous les fers et fontes des auteurs que nous avons cités concordent avec les données T, P et i du tableau précédent, à de très-légères différences près.

La fonte des eaux de Paris devient $R = 2^k,17$, $P = 4^k,34$ et $T = 11^k,63$. Son rapport $\frac{P}{T} = 0,373$. Nous avons supposé précédemment que les ingénieurs ont fixé ce rapport à 0,333 T et T à $13^k,000$; mais on doit admettre qu'ils ont eu des motifs puissants pour réduire la fonte demi-forte à cette fraction. Les tuyaux des eaux sont enfouis dans la terre ; ils sont appelés à s'oxider promptement (1) ; les constructions de cette sorte doivent être combinées autrement que celles élevées au-dessus du sol ou à fleur de sol.

Le coefficient de M. Duleau $E = 16\,121\,000\,000^k$, convenable au fer le plus faible, touche presque à la limite inférieure du fer n° 2. Celui du fer faible de M. Hodgkinson, $E = 16\,778\,000\,000^k$, se trouve placé un peu au-dessus de la moyenne de fer n° 2. Ces coefficients justifient les termes P et i du tableau n° 8 ; les seules valeurs dont ils s'écartent sont celles que M. Morin a tirées de l'expérimentation du tube n° 238 et des trois poutres n°ˢ 268 et 269, tous en fer anglais. Le tube peut être rejeté, attendu qu'il consiste en une construction très-compliquée, et aux trois poutres, solides uniques, *on peut opposer les expériences faites sur* DOUZE *barres à double T,* de *la Providence,* par des officiers du génie de la Rochelle. On trouvera ce travail à la suite de celui qui est relatif au cintrement des poutres.

Les deux barres à double T, en fer français de $0^m,16$, expéri-

---

(1) La grande conduite des eaux de la rue Saint-Honoré est si altérée, qu'on considère maintenant la matière de la fonte comme une espèce de plombagine, tant le fer a été ramolli par l'oxidation et l'introduction de l'eau dans les pores.

mentées par MM. Morin et Tresca, au Conservatoire des arts et métiers, auraient dû servir à corroborer l'établissement des valeurs tirées des poutres anglaises ; mais on va voir que les résultats sont fort différents.

N° 170. . . Surface en coupe $0^{mq},0010175 \times 2 = 0^{mq},002035$.

$0,002035 \times 7788^k = 15^k,848 =$ poids de 1^m linéaire de barre.

N° 123. . . Portée $2\,C = 4^m,00$; hauteur $b = 0^m,16$.

Poids du solide $2\,p\,C = 63^k,4$.

N° 170. . . $I = 0^m,000006784$.

à la limite d'élasticité $R = 12000000$ kilogr.

Charge normale de la limite présumée de l'élasticité $2\,P = 1017^k,6$.

Tableau analogue à ceux des trois poutres anglaises n°s 268 et 269.

Charges 2 P	Charges totales $2\,P + \frac{5}{8}\,2p.\,C.$	Flexions totales. Moyenne des 4 épreuves.	Rapport $\dfrac{P + \frac{5}{8}p.\,C.}{f}$	$\dfrac{\frac{1}{3}\,C^3}{I}$	Coefficients E par mètre carré.
k	k	m			k
200	239 6	0 00176	68063		26 756 237 508
400	439 6	0 00339	64837		25 846 192 797
600	639 6	0 00503	62952		24 745 235 112
800	839 6	0 00677	62008	393081	24 374 166 648
1000	1039 6	0 00842	61733		24 266 069 373
1200	1239 6	0 01009	61427		24 145 786 587
Charge limite 2 P comprenant le poids du solide.	1017 6	0 0082385	61758	Idem.	24 275 896 398

Le véritable coefficient de cette barre est celui 24 275 896 398^k ; il diffère considérablement de celui moyen des trois barres anglaises. La divergence des résultats devrait peut-être engager à les considérer, de part et d'autre, comme anormaux, ou bien il faut reconnaître que la différence provient de la qualité du fer, et que, en ce cas, la qualité de cette barre serait très-supérieure à celle des laminés métis n° 2 ordinaire, pour lesquels $E = 16\,607\,984\,000$ kilogr., et la qualité du fer des trois poutres anglaises très-inférieure à celle des laminés français n° 2, les plus usuels.

On a la certitude que le fer fort, n° 4, offre tous les éléments donnés par MM. Tredgold, Navier et Hodgkinson.

A l'égard des fers extra-forts et supérieurs, dont l'emploi est très-rare dans les grosses constructions, le coefficient de la traction moyenne de l'extra est presque égal à celui de M. Hodgkinson, qui a trouvé, pour le fer anglais de la meilleure qualité, $E = 20\,966\,166\,116$ kilogr. ; ceux du fer supérieur n'atteignent pas le coefficient indiqué par M. Duleau pour les meilleurs fers français, qui ont donné $E = 24\,922\,000\,000$ kilogr. ; mais on peut supposer que les meilleurs fers dépassent 60 kilogr., surtout lorsque les barres sont d'un petit échantillon. M. Duleau relate que Soufflot et Rondelet ont éprouvé une tringle en fer tout nerf, de $0^m,0067$ de diamètre, qui n'a rompu que sous $92^k,3$ par millimètre carré, et une barre rectangulaire de $0^m,013 \times 0^m,0067$, tout nerf, qui a rompu sous $83^k,9$. Faisant l'application de nos données à ces deux barres, nous trouvons :

T	P			$\dfrac{i}{P}$	$\dfrac{P}{T}$	$\dfrac{P}{i} = E$
k	k	m		m		k
83 9	39 137	0 0015949	$\frac{1}{627}$	0 00004075	0 4664	24 538 842 000
92 3	43 181	0 0017250	$\frac{1}{580}$	0 00003994	0 4678	25 032 463 000
		et pour le coefficient de M. Duleau :				
k	k	m		m		k
90 298	42 217	0 0016939	$\frac{1}{590}$	0 00004012	0 4675	24 922 000 000

Si le fer supérieur de M. Duleau était inférieur à $90^k,298$, cela prouverait que toutes nos valeurs P, i, E, seraient un peu inférieures à celles qui ont été trouvées par M. Duleau pour du fer inférieur en T à $90^k,3$, et qu'appliquées aux constructions, elles présenteront un surcroît de sécurité.

M. Morin recommande (n° 90) : « de ne pas perdre de vue « qu'il y a une différence considérable entre les résistances « des fontes, selon le degré de finesse, la nature de leur grain, « la qualité du métal, etc. »

Cette observation devrait engager les constructeurs à ne point admettre une moyenne générale. Le tableau n° 17, traduit par M. Morin, qui ne comprend que cinq fontes de diverses provenances, accuse des différences de résistance à la rupture, qui s'élèvent, de la plus faible à la plus forte, au delà de 50 pour 100 ; et le tableau n° 97, qui comprend trente-six fontes de dix provenances, offre plus de 100 pour 100 de différence.

Nous avons pensé que la division de la fonte, à l'instar de celle adoptée depuis longtemps pour le fer, pouvait aussi comprendre trois catégories. Les variantes considérables peuvent changer, dans des proportions trop fortes, les conditions de résistance qu'on a besoin d'obtenir ; les extrèmes des trois catégories ne diffèrent avec les moyennes que de 9 à 15 pour 100.

Pendant longtemps le module E de la fonte a été fixé à 12 000 000 000 kilogr. M. Morin déclare que ce module varie beaucoup. Les expériences les plus récentes de MM. Hodgkinson et Collet-Mégret ont démontré qu'en faisant une moyenne générale, ce module doit être réduit à 9 000 000 000 kilogr., et qu'il correspond à une résistance moyenne $T = 11^k,325$. (1)

Nous arrivons très-près de ces valeurs, mais il y aura prudence à ne pas courir la chance de tolérer des écarts possibles de 25 à 50 pour 100 dans la résistance des fontes. On évitera cet inconvénient, en adoptant une des moyennes que nous proposons. Des renseignements faciles à recueillir, quelques expériences faites par le constructeur, feront reconnaître la catégorie à laquelle on devra s'arrêter ; et, s'il y a impossibilité de faire ces recherches, on devra préférer les valeurs moyennes de la première catégorie, afin d'éviter les différences trop considérables de résistance, qui seraient nuisibles à la sécurité des constructions.

---

(1) MM. Collet-Mégret et Desplaces ont trouvé :

    Fonte la plus faible, $E = 7240000000$ kilogr.
    Fonte la plus forte, $E = 12000000000$ kilogr.

Dans le tableau n° 8, les coefficients résultant du système que nous proposons correspondent, l'un à la fonte la plus forte, celle de 18 kilogr., et l'autre à l'une des fontes les plus faibles, celle de 9 kilogr.

Ainsi ce système, basé sur la liaison de la fonte et du fer, par degrés de traction, concorde avec les plus faibles et les plus forts coefficients de fonte qui ont été obtenus par des expériences, et aussi avec les coefficients des fers les plus faibles, expérimentés par MM. Duleau et Hodgkinson.

M. Morin, dans ses conclusions des expériences sur la résistance de la fonte à la flexion et à la rupture, fait $R = 7\,500\,000^k$, pour les pièces de machines ; ce serait supposer l'emploi de la fonte la plus forte à sa limite d'élasticité et faire $R = P$, et, si l'on admet l'emploi de la fonte ordinaire, ce coefficient porte le service de la fonte aux $\frac{3}{4}$ de la rupture, peut-être aux $\frac{85}{100}$; aussi recommande-t-il de limiter les charges beaucoup plus bas (n° 5), quand il s'agit de poutres exposées à des vibrations presque continuelles. Citant les valeurs admises par les ingénieurs qui emploient la fonte dans la construction des ponts de chemins de fer, cet auteur rapporte (n° 263) que, pour les ponts ordinaires, on prend $R = 3\,000\,000$ kilogr., que quelques ingénieurs ne vont pas au delà de $R = 2\,000\,000$ kilogr., et enfin que d'autres même supposent $R = 1\,000\,000$ kilogr. (voir encore n° 114).

En faisant $R = \dfrac{P}{2}$, nos recherches sur la fonte de première catégorie, fonte la plus commune et la plus usuelle, donnent :

        Minimum : $R = 1\,416\,500$ kilogr. ;
        Maximum : $R = 2\,138\,500$ kilogr. ;
        Moyenne. : $R = 1\,778\,000$ kilogr.

Ces valeurs sont donc confirmées par les deux dernières données des plus habiles ingénieurs qui exécutent les ponts. A l'égard de $R = 3\,000\,000$ kil., ce coefficient donne : $P = 6\,000\,000$ kil., valeur qu'on ne peut obtenir qu'à condition d'employer la fonte grise forte de la meilleure qualité.

Des allongements élastiques et permanents dévolus à la matière mise en service.

Il peut être utile de connaître l'étendue de l'allongement élastique et de l'allongement permanent toléré, lorsque la matière est mise en service par le coefficient pratique R. Nous ferons toujours $R = \dfrac{E\,i}{2} = \dfrac{P}{2}$.

En cherchant ces allongements dans les tableaux n⁰ˢ 10 et 15, rapportés par M. Morin, ainsi que dans notre tableau n⁰ 7, sous les charges $\dfrac{P}{2} = R$, on obtient les résultats que nous insérons dans le tableau suivant :

N⁰ 9. *Tableau des allongements élastiques et des allongements permanents dévolus à la matière mise en service.*

Matières.	T	P	ALLONGEMENT				R	ALLONGEMENT			
			total.		permanent.			total.		permanent.	
			Fraction décimale.	Fraction aliquote.	Fraction décimale.	Fraction aliquote.		Fraction décimale.	Fraction aliquote.	Fraction décimale.	Fraction aliquote.
	k.	k.	m.		m.		k.	m.		m.	
Fonte. .	11,05	4,081	0,0004616	$\frac{1}{2166}$	0,000026	$\frac{1}{38461}$	2,030	0.000197	$\frac{1}{5076}$	0,00000068	$\frac{1}{149700}$
Fer. . .	37,31	16,705	0,0008683	$\frac{1}{1151}$	0,000032	$\frac{1}{31250}$	8,352	0,000426	$\frac{1}{2347}$	0,00000397	$\frac{1}{251889}$

Ce tableau fait voir :

Pour la fonte : 1⁰ que l'allongement total de la limite d'élasticité P est réduit au $\frac{1}{5076}$ sous la charge R, c'est-à-dire qu'il a diminué d'environ $\frac{3}{5}$, et qu'en service, il n'est plus que les $\frac{2}{5}$ de l'allongement élastique total sous la charge P ; 2⁰ que l'allongement permanent existant dans la charge P est réduit au $\frac{1}{149700}$ sous la charge R, c'est-à-dire qu'il a diminué d'environ $\frac{3}{4}$, et qu'en service il n'est plus que le $\frac{1}{4}$ de l'allongement permanent toléré sous la charge P.

Pour le fer : 1° que l'allongement total de la limite d'élasticité P, est réduit au $\frac{1}{2347}$, c'est-à-dire qu'il a diminué d'un peu plus de moitié ; 2° que l'allongement permanent existant dans la charge P est réduit au $\frac{1}{251889}$, c'est-à-dire qu'il a diminué des $\frac{7}{8}$, et qu'en service il n'est plus que le $\frac{1}{8}$ de l'allongement toléré sous la charge P.

L'étendue de l'allongement permanent existant sous la charge en service R, comparée à la longueur des barres, produit les quantités suivantes :

	Fonte.	Fer.
m.	m.	m.
1,00 de longueur de barre	= 0,00000668	= 0,00000397
10,00	= 0,0000668	= 0,0000397
100,00	= 0,000668	= 0,000397
149,67	= 0,004	= 0,000594
200,00		= 0,000794
251,88		= 0,004

Ainsi une barre en fonte de 150^m,00 comporte un allongement permanent de 1 millimètre ; celle de 15^m,00, un dixième de millim., et celle de 1^m,50, 1 centième de millim. Une barre en fer de 252,^{m}00 comporte un allongement permanent de 1 millim. ; celle de 25^m,00, 1 dixième de millim., et celle de 2^m,50, un centième de millim.

On voit que ces allongements permanents tolérés ont très-peu d'importance en exécution, et que, en admettant 0^m,000026 pour la fonte, et 0^{m}000032 pour le fer dans la charge P, les constructions offriront beaucoup de sécurité.

Recherche des plus-values de cintrement, de scellement, d'entretoisement et de hourdage des solives de planchers.

M. Morin a expérimenté trois planchers composés de solives en fer plat, cintrées, scellées et entretoisées par des barres-chevêtres placées dans les entrevous et accrochées sur les solives pour maintenir les hourdis. Cet auteur a fait ressortir l'accroissement considérable de la charge normale supportée par ces solives. Sans ces utiles expériences, il faudrait se borner à la vague appréciation qui a été présentée par M. Claudel, rapportée page 8 de cet Essai. Analysées, on trouve le moyen de déterminer l'accroissement de résistance produit par chaque sorte de plus-value; plus-values qu'on doit apprécier si l'on veut tirer parti de toutes les résistances que possèdent les solides qui composent la charpente des planchers.

Un document, relatant plusieurs expériences faites par des officiers du génie militaire de la place de La Rochelle, nous servira à distinguer la plus-value du scellement de celle de l'entretoisement et du hourdage.

N° 10. *Tableau des solives des trois planchers expérimentés par M. Morin.*

Portées $2c$	Flèches f	Rapports $f : 2c$	Hauteur b	Largeur a	Surface de la section en millimèt. carrés.	Charges normales p
m.	m.		m.	m.		k.
7 00	0 07	$\frac{1}{100}$	0 190	0 009	1710	53 04
6 00	0 06	$\frac{1}{100}$	0 165	0 009	1485	54 40
5 00	0 05	$\frac{1}{100}$	0 135	0 009	1245	52 48
					Moyenne p. . . .	53 28

Ces solives ont été placées à $0^m,75$ d'écartement, et engagées d'environ $0^m,30$ dans les murs. Les entretoises-chevêtres sont en fer carré, de $0^m,016$, à $0^m,75$ de distance les unes des autres ; leurs branches sont terminées en crochet. Sur les entretoises, on a placé des remplissages en petit fer de $\overline{0,011}^2$, dit *carillon*, écartés de $0^m,25$ entre eux. Sur cette charpente en fer, on a fait, entre les solives, des hourdis en plâtras, ou mieux en pots creux dits *globes*, scellés en plâtre, qui relient tout le système.

Ces planchers devaient peser, tout terminés, 280 kilogr. le mètre carré, y compris 70 kilogr. de poids additionnel pour personnes et meubles. La charge normale devait être de 210 kil. par mètre linéaire. La charge des hourdis en plâtras peut être évaluée à 110 kilogr. par mètre courant de solive ; c'est celle qu'on doit joindre aux charges des épreuves.

Les épreuves ont consisté à soumettre les solives à des charges qui ont varié de 346 à 375 kilogr. par mètre courant en plus du hourdage ; avec les hourdis on peut évaluer les charges d'épreuves à 470 kilogrammes en moyenne, soit 626 kilogr. par mètre carré de surface. Après le déchargement, les solives n'avaient perdu que $0^m,005$ à $0^m,01$ de leur flèche sous des charges qui étaient sept fois environ la charge normale des barres droites posant librement.

M. Morin conclut ainsi : « Ces expériences où les charges « ont dépassé le *double* des plus grandes charges qui puissent « accidentellement être distribuées sur des planchers, mon- « trent donc que ce mode de construction offre toute la solidité « et toute la rigidité nécessaires. »

En appréciant les charges d'épreuves au *double* environ, M. Morin a pris pour terme de comparaison la charge 280 kil. le mètre carré ; c'est celle qui ajoute au poids propre de la construction une éventualité de 70 kilogr. ; sans l'admission de cette éventualité, les charges d'épreuves donneraient le *triple* environ.

La charge des planchers présente donc deux sortes d'appréciation : par l'une, on a 210 kilogr. ; par l'autre, on n'a plus que $157^k,50$ par mètre linéaire.

Ces charges, comparées à la charge normale moyenne des

barres droites, isolées, posant librement sur deux appuis, établissent les rapports suivants :

1er cas.   2e cas.

1 : 3,941.   1 : 2,956.

Le rapport donné par le premier cas comprend une éventualité ; celui donné par le second cas n'en comprend pas. La charge normale des barres droites ne comprend aucune éventualité ; c'est donc entre ces deux cas analogues que le parallèle doit être établi.

L'excédant extraordinaire de rigidité obtenu par ces solives résulte de trois causes : le cintrement en arc, le scellement des extrémités dans des murs, enfin l'entretoisement produit par les entretoises-chevêtres en fer et le hourdage en maçonnerie.

§ 1.er. *Cintrement.*

Pour découvrir la plus-value du cintrement, ces solives cintrées doivent être assimilées aux arcs en fer ou en fonte des ponts, pour lesquels la formule est (n° 114) :

$$T = P\sqrt{1 + \frac{C^2}{4f^2}}.$$

Appliquant à cette formule les dimensions insérées dans le tableau n° 10, et faisant $2\,P = 2\,C \times 157^k,50$, on trouve :

Barre de 7^m,00. . . $\overset{k.}{T} = 13792,275,$
—   6^m,00. . . $T = 11821,950,$
—   5^m,00. . . $T = \ \ 9851,625.$

La compression exercée sur la section transversale de chaque pièce étant déterminée, le coefficient R peut être connu ; on obtient :

R = 8065657 kilogr.
R = 7960906
R = 8108330

La charge normale des barres droites a été fixée en faisant le coefficient R = 6 000 000 kilogr. Le parallèle qu'on veut faire entre ces solives cintrées et les barres droites ne peut être exact qu'en soumettant chaque solive au même coefficient pratique R ; sans cela il y aurait manque de parité.

Rétablissant les charges normales des barres droites avec les mêmes coefficients que ceux des solives cintrées, on a :

$$\frac{8065657 \times 0,000054150}{12^m,25} = 35^k,653 = {}^1/_2\,p. \quad . \quad . \quad . \quad p = 71^k,306$$

$$\frac{7960906 \times 0,0000408375}{9^m,00} = 36^k,122 = {}^1/_2\,p. \quad . \quad . \quad . \quad p = 72^k,244$$

$$\frac{8108330 \times 0,0000273375}{6^m,25} = 35^k,465 = {}^1/_2\,p. \quad . \quad . \quad . \quad p = 70^k,930$$

$$\text{Moyenne :} \quad p = 71^k,493$$

Cette charge normale des barres droites, comparée à la charge normale des barres cintrées $= 157^k,50$, donne le rapport

$$1 : 2,20,$$

soit 1,20 attribuable à la plus-value du cintrement de ces solives.

Les barres à double T qu'on emploie pour solives ordinaires, sont cintrées dans les grosses forges au $\frac{1}{200}$ de la longueur, et si l'on suppose que les fers plats des trois planchers expérimentés par M. Morin sont cintrés comme les solives ordinaires à double T, c'est-à-dire au $\frac{1}{200}$ et non au $\frac{1}{100}$, on trouve, pour charge normale moyenne, $78^k,797$. Cette charge, comparée à celle des barres droites $= 71^k,493$, donne le rapport

$$1 : 1,095,$$

que l'on comptera pour $0^m,10$ en plus-value.

Ce dernier terme 1,10, donné par le cintrement au $\frac{1}{200}$, et celui 2,20, donné par le cintrement au $\frac{1}{100}$, font voir qu'on augmenterait beaucoup la résistance des barres à double T, si l'on pouvait les cintrer dans les grosses forges au $\frac{1}{100}$ de la portée. Le cintrement à $0^m,0075$ par mètre de longueur totale, soit $\frac{1}{133}$, donne le rapport $1 : 1,666$; la plus-value serait donc de 0,666, ou $^2/_3$ en plus de la résistance des barres droites. L'augmentation du cintrement des barres à double T est un perfectionnement très-désirable.

La plus-value générale produite par le cintrement au $\frac{1}{100}$, le scellement, etc.. . . . . $= 1{,}956$

Si l'on en retranche la plus-value du cintrement au $\frac{1}{100}$. . . . . $= 1{,}200$

$$\text{On aura. . .} \quad 0{,}756$$

pour la plus-value produite par le scellement, l'entretoisement et le hourdage.

§ 2. *Scellement.*

Suivant un rapport adressé à M. le Ministre de la guerre, en date du 29 décembre 1852, MM. Guyot-Duclos, Abinal et Dupont, officiers du génie, attachés en ce moment à la place de La Rochelle, ont fait, à Maubeuge, une série d'expériences pour éprouver les solives à double T à la flexion.

Nous extrayons de ce rapport les passages suivants :

« Pour faire ces expériences dans les conditions inhérentes
« des poutres en fer, *dont la hauteur est très-considérable eu*
« *égard à la largeur,* on réunissait deux poutres de même poids,
« en les maintenant dans une position verticale, au moyen *d'é-*
« *triers en fer qui les enveloppaient, et d'étrésillons ou ma-*
« *driers placés à l'intérieur ;* ces étrésillons empêchaient le
« déversement à l'intérieur, et des calles placées entre les côtés
« extérieurs des poutres et les étriers donnaient à ce système
« les conditions voulues » (de stabilité). « Chaque poutre en
« fer ne supportait de fait que la moitié du poids posé sur le
« système, ce dont il a été tenu compte dans le tableau ; les
« unes reposant librement sur deux appuis, les autres *scellées*
« *au moyen d'une traverse en fer, maintenue par deux mon-*
« *tants qui traversaient les appuis, en les comprimant forte-*
« *ment par des écroux placés sur les montants.* »

Appréciant ce mode de scellement, ces officiers disent : « *Il*
« *faut reconnaître que ce scellement n'équivaut pas à un scel-*
« *lement bien fait.* »

Nº 11. *Tableau des expériences faites à Maubeuge, par MM. Guyot-Duclos, Abinal et Dupont, sur la flexion des solives à double T, scellées et non scellées (1).*

HAU-TEUR.	ÉPAIS-SEUR.	POIDS par mètre.	CHARGES PLACÉES SUCCESSIVEMENT et uniformément réparties sur toute la longueur des solives, entre les appuis distances de 6ᵐ50.							
			500ᵏ	1000ᵏ	1500ᵏ	2000ᵏ	2500ᵏ	3000ᵏ	3500ᵏ	4000ᵏ
m.	m.	k.	Flexions mesurées au milieu des solives posant librement.							
0 12	0 005	14 »	0 029	0 069	0 083	0 130	»	»	»	»
0 16	0 008	15 »	0 016	0 037	0 045	0 059	0 067	0 093	»	»
0 16	0 014	25 »	0 016	0 049	0 036	0 048	0 051	0 073	»	»
0 18	0 009	20 »	0 012	0 018	0 030	0 030	0 044	0 056	»	»
0 22	0 0099	27 »	0 005	0 008	0 015	0 020	0 023	0 030	0 034	0 039
0 26	0 012	40 »	0 003	0 004	0 008	0 012	0 013	0 017	0 020	0 024
			Flexions mesurées au milieu des solives scellées.							
0 16	0 008	15 »	0 014	0 015	0 028	0 040	0 045	0 062	»	»
0 18	0 009	20 »	0 005	0 007	0 020	0 026	0 031	0 039	»	»
0 22	0 0099	27 »	0 003	0 005	0 014	0 015	0 016	0 022	0 025	0 031
0 26	0 012	40 »	0 002	0 003	0 007	0 011	0 012	0 015	0 018	0 021

(*a*) Sous le poids de 2000 kil. la poutre s'est DÉJETÉE. (*Note des expérimentateurs.*)

MM. Guyot-Duclos, Abinal et Dupont concluent ainsi :

---

(1) Ce tableau va servir à trouver les coefficients des barres à double T en fer *français* laminé.

Les expérimentateurs ayant tenu compte des charges supportées par un couple de barres, chaque résultat est la moyenne de deux barres de même modèle, en sorte que ces expériences donnent les flexions de douze barres; lesquelles douze barres opposées aux trois barres de M. Fairbairn, nᵒˢ 268 et 269 de M. Morin, et au tube nº 288, construit en fer *anglais*, qui ont principalement servi à M. Morin pour proposer une *catégorie* de fer dont la valeur E $i = $ P, s'élève seulement à 9ᵏ6 par millimètre carré, serviront à corroborer tout ce qui a été dit précédemment sur l'infériorité du fer anglais et en faveur des coefficients du fer le plus faible de MM. Duleau et Hodgkinson, lesquels se sont précisément rencontrés avec ceux que notre système attribue aux fers français de la deuxième catégorie, les moins forts à la traction, mais qui donnent 10ᵏ77 à 11ᵏ25 par millimètre carré en valeur E i.

Le tableau ci-dessus indique trente-sept flèches, non compris celle de la charge 2000, sous laquelle les deux barres de 0ᵐ12 se sont déjetées;

« Les résistances comparées entre les poutres scellées et les

il faudrait donc établir trente-sept coefficients. Pour simplifier cette recherche, on se bornera à en établir douze : six pour les charges normales pratiques et six pour les charges limites présumées de l'élasticité ; et afin qu'ils représentent les moyennes qu'on tirerait en employant toutes les charges d'épreuves avec leurs flexions, les flèches des deux sortes de charges adoptées seront proportionnelles avec celles minima et maxima des expériences.

PORTÉE.	HAU-TEUR des modèles	POIDS de 1^m00.	POIDS des solides	VALEURS I tirées du tableau n° 4	MOMENT de la charge pratique. Tabl. n°4.	CHARGES	
						normales pratiques $2C \times p$.	limites de l'élasticité $2C \times p$.
	m.	k.	k.			k.	k.
2 C = 6^m50.	0 12	41 »	71 5	0 0000028442	281 42	346 4	692 8
—	0 16	43 »	97 5	0 0000065304	489 73	602 8	1205 6
C = 3^m25.	0 16	25 »	162 5	0 0000092607	694 55	854 8	1709 6
C^2 = 10^m5625.	0 18	20 »	130 »	0 0000108473	723 15	890 »	1780 »
C^3 = $34^m328125$.	0 22	27 »	175 5	0 0000223324	1218 43	1499 2	2998 4
—	0 26	40 »	260 »	0 0000389835	1799 24	2214 4	4428 8

FLÈCHES. — Les charges normales pratiques et celles limites comprennent le poids de chaque solide. Les charges d'épreuves maxima et minima, augmentées du poids de chaque solide, donnent :

	m.	m.	m.	m.	m.	m.
Les trois premiers quintaux. .	0 01434	0 00684	0 00774	0 00619	0 00136	0 00024
Chaque quintal excédant. . . .	0 00540	0 00308	0 00228	0 00176	0 00097	0 00060

HAU-TEUR des modèles	POIDS de 1^m00,	CHAR-GES 2 p. C.	FLEXIONS.	$\frac{5}{8}$ p. C.	$\dfrac{\frac{5}{8}\,\text{p. C.}}{f}$	$\dfrac{1}{4}\dfrac{C^3}{I}$.	COEFFICIENTS E mètre carré,
m,	k.	k.	m.	k.			
0 12	41 »	346 4	0 04685	408 250	6424 4	4066060	26121993864
		692 8	0 03555	246 500	6090 »		21762305100
0 16	45 »	602 8	0 01617	488 375	11649 6	1752302	20413617379
		1205 6	0 03473	376 750	10847 9		19008796865
0 16	25 »	854 8	0 02039	267 125	13100 9	1255620	16187734058
		1709 6	0 03987	534 250	13399 8		16557060876
0 18	20 »	890 »	0 04657	278 125	16784 5	1054886	17705733067
		1780 »	0 03224	556 250	17253 4		18200370112
0 22	27 »	1499 2	0 01299	468 500	36066 2	542381	18479635621
		2998 4	0 02753	937 »	34035 5		17439143326
0 26	40 »	2244 4	0 01173	692 »	58994 «	293527	17316331838
		4428 8	0 02501	1384 «	55337 8		16243138420

Ces barres étaient cintrées au $\frac{1}{200}$ de la longueur, ce qui ajoute 0,003

« poutres non scellées n'atteignent pas toujours la *moitié* en
« sus pour les premières ; il est prudent de se tenir au *tiers*.
    « La hauteur des poutres a une grande influence sur la résis-

---

à leur résistance ; c'est le coefficient des barres droites qu'on doit chercher ; la réduction du cintrement va être effectuée ; on négligera de l'appliquer aux barres de 0,12 qui, éprouvées dès le commencement des expérimentations par des charges évidemment trop fortes pour ce modèle, employé à la portée $6^m,50$, ont cependant donné des coefficients très-élevés, coefficients qu'on pourrait considérer comme anormaux, ainsi que ceux de la barre du Conservatoire, si le fer n'était pas de qualité supérieure. Pour les autres barres, on prendra seulement les coefficients tirés de la charge limite présumée de l'élasticité, parce que les coefficients rationnels doivent être ceux de cette limite :

$$\begin{array}{lll}
0^m16 & 15^k & E = 17359631000 \text{ kilogr.} \\
» & 25 & E = 15120603000 \\
0^m18 & 20 & E = 16621342000 \\
0^m22 & 27 & E = 15926158000 \\
0^m26 & 40 & E = 14833916000 \\
\end{array}$$

Moyenne tirée de dix barres $E = 15972330000$

Ces barres, éprouvées par couples, ont été reliées à leurs extrémités par des étriers ou frettes, avec mandrins et cales en bois dans les vides $a'\,b'$, ce qui a ajouté à leur stabilité. Les poutres n° 271 ont aussi été rendues stables par des boulons. Aux barres des officiers du génie, l'assemblage d'un couple présentait un ensemble dont les dimensions avaient :

$$\begin{array}{lll}
\text{Barres de } 0^m16 & a = 0^m096 & b = 0^m16. \\
\text{Barres de } 0^m26 & a = 0^m134 & b = 0^m26. \\
\end{array}$$

dimensions qui dépassent le rapport $\sqrt{2:1}$, mais qui en approchent beaucoup. Bien que cet assemblage soit extrêmement faible, il a dû contribuer à augmenter un peu la résistance à la flexion, les barres étant dépourvues de ces accessoires, les flexions eussent été plus grandes et les coefficients moins élevés, tandis que la qualité du fer n'aurait pas varié.

En résumé, les mêmes qualités de fer en pièces stables produisent des coefficients supérieurs à ceux des pièces instables ; le coefficient moyen de ces dix barres en fer français approche beaucoup plus du coefficient que M. Duleau a reconnu pour le fer faible, que de ceux tirés des barres anglaises par M. Morin. Enfin, pour l'obtention du coefficient pratique R, s'il est nécessaire d'adjoindre un autre élément à celui qu'indique le tableau n° 47, on doit plutôt le chercher dans les fers français les plus usuels, dont la qualité et la traction sont connues à l'aide des catégories qui ont été établies par les maîtres de forge, que dans les fers anglais, dont la qualité et la traction sont inconnues.

« tance, puisqu'une solive de $0^m,16$ sur $0^m,014$ a une résis-
« tance moindre qu'une solive de $0^m,18$ sur $0^m,009$ d'épais-
« seur, quoique la première pèse 25 kilogr., pendant que la
« deuxième ne pèse que 20 kilogr. par mètre courant.

« On a constaté que toutes les solives soumises aux expé-
« riences, sauf celle de 11 kilogr., avaient repris leur forme
« primitive après le déchargement complet, résultat qui prouve
« que les solives sont douées d'élasticité, et que les poids
« qu'elles ont supportés étaient encore loin de leur limite de
« rupture.

« Ces fers à double T, ayant une épaisseur très-faible eu
« égard à leur hauteur, *tendent, sous les charges qu'on leur fait*
« *supporter, à se déjeter ;* il faut donc maintenir les solives
« dans une position parfaitement verticale ; le dispositif à
« adopter dans leur emploi consiste donc à les mettre dans des
« conditions telles que tout déversement soit impossible, et,
« sous ce rapport, on obtiendra de bons résultats en remplissant
« les intervalles par des plâtras, briques creuses, etc. »

Ayant fait le calcul de toutes les flèches par charge de 500 kil.,
cette charge étant le plus grand diviseur commun des charges
expérimentales, on a trouvé :

Hauteur du modèle.	Solives non scellées.	Solives scellées.	Accroissement de résistance.
m.			
0 16	0 01552	0 01003	0 547
0 18	0 00944	0 00573	0 647
0 22	0 00480	0 00353	0 360
0 26	0 00274	0 00232	0 181
		Moyenne. . . .	0 433

quantité qui, effectivement, est au-dessous de la moitié, mais
supérieure à un tiers.

Le dernier produit, comparé aux trois premiers, offre une
différence considérable. Nous présumons que l'appareil qui a
remplacé le scellement ordinaire bien fait a pu s'affaiblir sous

les charges les plus puissantes. Néanmoins la divergence des résultats doit engager à modérer beaucoup la plus-value du scellement.

Les flexions, examinées une à une, ont présenté quelques cas anormaux. Si l'on rejette les anomalies, si l'on retranche le fer de $0^m,26$, dont l'usage est très-rare dans les planchers ordinaires, on trouve :

$$0^m,16 = 0,458,$$
$$0^m,18 = 0,449,$$
$$0^m,22 = 0,432,$$

$$\text{Moyenne.} \quad . \quad . \quad . \quad 0,446.$$

Quantité qui diffère très-peu de celle générale ; la moyenne égale $0^m,440$.

§ 3. — *Entretoisement et hourdage.*

La plus-value particulière au scellement doit être retranchée de celle $0,756$ qui représente le scellement, l'entretoisement et le hourdage, suivant l'analyse des trois expériences de M. Morin. Obligé de procéder sur un ensemble, par voie de déduction, il est peu important que la plus-value de scellement soit fixée à $0,333$, valeur proposée par les officiers du génie, ou à $0,44$, le reste étant attribuable à l'entretoisement et au hourdage ; mais cette dernière plus-value devant, selon nous, être réduite, à cause de la variété des systèmes divers auxquels se prête cette sorte de construction, nous admettrons celle du scellement pour la moyenne qui résulte de l'expérimentation faite par le génie militaire de **La Rochelle**, et l'autre pour la différence des deux résultats.

Ces plus-values sont donc :

$0,100$ pour le cintrement au $\frac{1}{200}$ de la portée,
$0,440$ pour le scellement bien fait des extrémités en murs,
$0,316$ pour l'entretoisement en fer et en maçonnerie.

§ 4. — *Appréciation des plus-values.*

La diminution de ces plus-values doit être admise en principe ; on reconnaîtra qu'il existe un grand nombre de motifs très-suffisants pour engager les constructeurs prudents à prendre cette décision.

Nous devons d'abord rapporter ceux que M. Morin a énoncés au n° 316.

N° 316, intitulé : *Observation sur le mode de pose et de liaison des solives.* « Le mode de construction employé pour « remplir les intervalles laissés par les parties en fer de cette « charpente produit, comme on l'a vu, une flexion des solives, « qui n'est pas l'effet du poids seul des matériaux. Par la forme « en cuvette donnée aux hourdis, les efforts de dilatation qui « se développent, au moment de la prise du plâtre, étant obli- « ques, leurs composantes horizontales peuvent se détruire, « mais les composantes verticales s'ajoutent et produisent l'a- « baissement que l'on a signalé. *Il est probable qu'un meilleur* « *mode de travail, ou d'autres formes données à ce hourdis,* « *corrigeraient en partie cet effet.*

« D'une autre part, *on peut augmenter beaucoup la rigi-* « *dité des solives,* en les posant sur les murs de manière qu'elles « y soient réellement *encastrées,* au lieu d'être, comme il est « arrivé dans les expériences, engagées dans une simple ma- « çonnerie de moellons, mal ou imparfaitement liés entre eux. « Il faudrait pratiquer dans une pierre de taille la plus grande « partie du logement nécessaire pour embrasser exactement la « barre, et la recouvrir par une autre pierre tellement ajustée, « que, par la pression du mur, elle comprimât réellement la « barre qui se trouverait ainsi exactement encastrée. Il serait « encore mieux de placer deux plaques de fer formant cales « au-dessus et au-dessous de l'extrémité de la solive, surtout « si les pierres employées étaient tendres » (1).

---

(1) M. Grand, entrepreneur de serrurerie, à Paris, rue Saint-Guillaume, a eu l'idée de saboter les solives. Ce sabot est en fonte; le vide épouse la forme des barres à double T; le fond est plein et les côtés latéraux sont percés de deux mortaises qui correspondent ensemble et avec une autre mortaise qu'il faut pratiquer dans la barre en T; on met une forte clavette dans ces mortaises et l'on cale la barre dans son alvéole; les faces horizontales, beaucoup plus étendues que celles des barres à dou-

Ces observations font très-bien comprendre la nécessité de rendre les scellements aussi forts que possible ; quand on négligera de es faire ainsi, on pourra être certain que l'action incessante de la charge permanente, le tassement des murs, etc., affaibliront prodigieusement la résistance des scellements ordinaires.

Bien que M. Morin ait reconnu en principe l'accroissement de résistance produit par le scellement, ce savant ingénieur a refusé de le prendre en considération, parce que cet accroissement ne lui a pas paru équivalent à celui que donne l'encastrement, tel qu'on le définit en mécanique ; et, n'ayant pas cru devoir proposer, soit une augmentation du coefficient R, employé par lui d'une manière générale, soit une formule intermédiaire entre celle des solides encastrés et celle des solides posant librement, M. Morin a employé cette dernière formule, ainsi que le coefficient général $R = 6\,000\,000$ kilogr.

Selon nous, on doit tenir compte de toutes ces plus-values, mais avec la plus grande modération. Adoptant les motifs exposés par M. Morin au sujet de l'encastrement, la plus-value du scellement devra être très-inférieure à la différence qui sépare les deux formules. La plus-value de scellement proposée par les officiers du génie de La Rochelle, un tiers en plus, nous paraît trop élevée ; introduite dans la formule des solides posant librement sur deux appuis. on aurait :

$$\frac{RI}{v'} = \frac{0,5}{1,333}\, p\, C^2 = 0,375\, p\, C^2,$$

valeur trop rapprochée de celle

$$\frac{RI}{v'} = 0,333\, p\, C^2,$$

convenable aux solides encastrés par .eurs deux extrémités. Cette plus-value doit donc être moindre d'un tiers.

---

ble T, augmentent les surfaces de compression, ce qui répartit mieux la charge sur les appuis, ainsi que la pression contre la construction supérieure. Avec la pierre dure conseillée par M. Morin, placée sur le sabot sans interposition de mortier, on obtiendrait l'encastrement.

Le scellement, l'entretoisement et le hourdage peuvent varier à l'infini, selon la nature, le choix et la force des matériaux adoptés.

Le scellement est exécuté souvent entre des moellons mal taillés, mal ébousinés, tendres quelquefois. L'alvéole qu'on réserve pour loger la solive est remplie en plâtre ou en mortier séchant lentement, matières faiblement résistantes à l'écrasement, surtout quand les charges incombent à des solides qui offrent une surface de pression exiguë. Le tassement inévitable des grosses constructions, accru très-souvent par la célérité avec laquelle on les exécute, peut désunir l'ensemble de ce faible scellement.

L'entretoisement et les hourdis suivent le mouvement du tassement des murs et, en outre, celui de la flexion inévitable que les solives, libres d'abord, éprouvent à mesure que la charge est posée sur elles. Ces causes peuvent occasionner le dérangement des entretoises, et produire des fissures qui altèrent l'adhérence et la cohésion des hourdis, et détruisent, en partie, leur résistance.

La plus-value du cintrement est celle des arcs en fonte ou en fer, maintenus dans les meilleures conditions de rigidité par des pièces accessoires qui y sont fortement réunies. Les butées sont établies avec un soin extrême, en matériaux les plus durs ; ces conditions, indispensables pour les grands arcs des ponts, seront très-amoindries dans les planchers.

Enfin les expériences, quoique faites avec soin, sont peu nombreuses ; exécutées récemment, à l'instant où chaque système de construction éprouvée jouissait de la vigueur inhérente à sa nouveauté, elles ne sont pas justifiées par une série de faits anciens, certains et concluants ; elles manquent de la consécration du temps.

Ces plus-values devront aussi être appliquées aux solides encastrés ; la formule de ces solides les augmenterait de moitié; ainsi la plus-value de cintrement qui ne peut excéder 0,10 dans les cas les plus favorables, prendra cette valeur dans les solides encastrés, si on l'admet seulement aux deux tiers dans les solides posés librement ; c'est donc à ce point de vue qu'elles doivent d'abord être fixées, pour être ensuite réduites à cette fraction.

Ces motifs engagent à compter ces plus-values pour les quantités ci-dessous :

	Valeur entière.		Pièces encastrées,		Pièces scellées,
Cintrement. . .	0,100		0,100	$...\tfrac{2}{3}..$	0,067
Scellement. . .	0,440	$...\tfrac{3}{4}..$	0,330	$...\tfrac{2}{3}..$	0,220
Entretoisement.	0,316	$...\tfrac{1}{2}..$	0,158	$...\tfrac{2}{3}..$	0,105

On a vu que la plus-value de scellement, réduite au taux fixé par les ingénieurs de La Rochelle, étant jointe à la formule des solides posant librement sur deux appuis, donne un résultat presque égal à celui que l'on admet pour les solides encastrés à leurs deux extrémités. Cette plus-value, réduite à 0,22, ne donne plus que 0,41 p C² ; en y joignant l'entretoisement et le hourdage, on a 0,378 p C² ; et en y comprenant encore le cintrement, ce membre $= 0,358$ p C², valeur un peu inférieure à celle $\tfrac{1}{3}$ p C², et qui comprend tout, tandis que les valeurs recueillies des expériences de M. Morin auraient donné :

$$\frac{\mathrm{RI}}{v'} = \frac{0,5}{1 + 0,10 + 0,756}\, \mathrm{p\,C^2} = 0,269\,\mathrm{p\,C^2}.$$

On voit que la réduction de ces plus-values est considérable ; et leur importance sera encore atténuée par une sorte de moins-value que nous proposons d'admettre, dans le but de se conformer à un ancien errement que nous estimons devoir être suivi.

Bien que nous ayons indiqué la valeur de l'un des membres de la formule qui conviendrait aux solives cintrées, scellées, etc., il n'entre pas dans notre intention de proposer une nouvelle formule, particulière à ces solives. Les causes accessoires qui provoqueraient le changement de ce membre sont très-variables ; toute formule exige des cas fixes, bien précisés et bien définis. Nous comprendrons les plus-values dans le coefficient R, de nature variable, suivant la qualité de la matière, suivant le genre de la construction, et même suivant la place de chaque pièce dans la construction. Chaque constructeur pourra donc changer ces plus-values à son gré, en ajoutant ou retranchant au coefficient R, selon l'estime qu'il fera de ces accessoires.

Moins-values : Oxydation.

Autrefois, quand on avait reconnu les dimensions des pièces de charpente en bois ou en fer, à l'aide des calculs indiqués par les règles de l'art, soit celles pratiques, soit celles scientifiques, les constructeurs appréciaient les causes particulières qui pouvaient engager à outrepasser les dimensions fixées par la règle suivie, et ceci explique, en partie, les fortes dimensions remarquées dans les constructions anciennes (1). Pour le bois, par exemple, sachant que toutes les expériences sont exécutées sur des pièces choisies, ou mieux sur des tringles de droit fil sans nœuds, bien droites et bien corroyées, à arêtes vives, et que les pièces de charpente ordinaire sont souvent croches et gauchies, qu'elles ont de gros nœuds et des flaches, que sous ces flaches il y a de l'aubier, qu'elles ont un gros bout et un petit bout, lequel est trop faible si l'on affecte les dimensions théoriques au milieu de la pièce, on augmentait ces dimensions théoriques suivant une évaluation particulière que chaque constructeur s'était convaincu qu'il devait observer ; et, si les pièces de la construction se trouvaient placées dans de mauvaises conditions de conservation, telles que rez-de-chaussée presqu'à fleur de sol, et autres lieux humides, on augmentait encore les dimensions théoriques ; on raisonnait de même pour le fer.

L'examen des vieux fers de démolition qui ont séjourné pendant longtemps dans la construction des murs, humide d'abord, puis asséchée ensuite, a démontré que l'oxyde enlève environ

---

(1) « On diminue tous les jours l'équarrissage des pièces de charpente, « c'est sans doute un progrès, mais il est à craindre qu'en voulant réformer un excès dans la pesanteur des œuvres anciennes et dans la « consommation du bois, on tombe dans un défaut contraire et qu'on ne « fasse plus la part de la détérioration du bois par la vétusté. On perd « peut-être de vue que pour quelques anciennes charpentes en bois, « c'est autant à un excès de force dans les dimensions qu'à leur bonne « qualité qu'on doit attribuer la longue durée de ces constructions. » EMY, *Traité de l'art de la charpente.*

trois quarts de ligne à une ligne sur les deux parois opposées d'une barre de section rectangulaire, soit $0^m,0008$ à $0^m,0011$ sur chaque paroi ; lorsque l'altération est plus considérable, c'est qu'il y a eu, momentanément, cause particulière d'humidité ou cause permanente ; ce dernier cas a lieu dans toutes les constructions touchant le sol et dans celles souterraines ; alors on doublait au moins l'augmentation attribuée aux fers enveloppés d'une maçonnerie dont l'assèchement était certain ; quelquefois on dépassait cette proportion. Les bois et les fers des ponts, exposés aux brouillards, à la pluie, au contact de la terre ou d'une maçonnerie constamment humide, devaient dépasser de beaucoup les dimensions théoriques. Les fers apparents qu'on pouvait peindre entièrement, et dont les extrémités n'étaient point enveloppées de maçonnerie, conservaient seuls les dimensions théoriques.

Ayant tenu compte de toutes les plus-values, on doit tenir compte aussi de la moins-value qui résulte de l'oxydation prévue, certaine, des solives des planchers qui sont hourdés et plafonnés ; mais comme il est impossible d'ajouter aux dimensions fixes des barres à double T, on se trouve obligé de diminuer leurs dimensions.

Nous supposerons que les dimensions réelles sont moindres de $0^m,0008$ à $0^m,0011$ sur chaque paroi, pour trouver leur valeur nouvelle en $\dfrac{I}{v'}$, et cette valeur recevra l'application du coefficient R élevé par les plus-values. Le moment PC ou $^1/_2 \, p \, C^2$ résumera ainsi la moins-value et les plus-values qu'on a pu prévoir.

Le tableau n° 4 indique toutes les dimensions des différents modèles de barres à double T provenant des usines de *la Providence* et de *Montataire*. Ayant à réduire chaque paroi de $0^m,0008$ à $0^m,0011$ sur quatre dimensions, nous avons cherché à compenser ces deux quantités en cotant :

$$a - 0^m,002,$$
$$b - 0^m,002,$$
$$b' - 0^m,004 \text{ à } 0^m,014,$$
$$e_1 - 0^m,014 \text{ à } 0^m,016.$$

Les dimensions ainsi réduites, de nouvelles valeurs $\frac{I}{v}$ en découleront. On indiquera le poids calculé suivant ces dimensions réduites ; mais, afin de joindre à ce tableau la valeur du moment PC ou $^1/_2\, p\, C^2$, ainsi que l'a fait M. Morin, nous allons établir le coefficient pratique R.

Nous terminerons ce chapitre en rappelant que M. Fairbairn a remarqué que, en cinq années, l'action de la charge permanente augmente la flexion dans la proportion de 1000 : 1064. Causes : *dilatation, oxydation, vibration.*

Des coefficients pratiques R, pour les solives de planchers hourdés et plafonnés, en fers nᵒˢ 2, 3, 4.

Le coefficient pratique R doit varier suivant le genre de la construction à laquelle il faut l'appliquer ; il ne peut être constamment égal à $\dfrac{E\,i}{2} = \dfrac{P}{2}$.

Pour déterminer celui des solives de planchers, nous pensons qu'on peut se baser sur l'hypothèse suivante : employer toute la valeur P (ou celle $E\,i$ qui est la même), en retranchant la quantité qui représente toutes les charges qui peuvent survenir par des causes accidentelles.

Ces charges et causes accidentelles ont été appréciées pour les ponts ordinaires. On est généralement d'accord : 1° de considérer la résistance entre la rupture et P, comme particulière à la durée de la construction ; 2° de n'atteindre la limite d'élasticité P, qu'en ajoutant à la charge permanente des constructions le poids de quatre personnes par mètre carré de surface de tablier de pont.

En admettant cette hypothèse pour les planchers ordinaires, on sera dans des conditions de sécurité très-suffisantes, surtout si l'on observe que les ponts sont exposés à l'intempérie des saisons, à l'humidité du sol, etc., tandis que les planchers ne sont humides que momentanément et que la part présumée de l'oxydation a été faite.

Le poids réel des planchers, diversement hourdés, mais toujours plafonnés, avec scellement de lambourdes et parquetage, est généralement admis à 210 kilogr. par mètre carré de surface ; ajoutant le poids de quatre personnes pesant chacune 70 kilog., on a 490 kilog. pour charge totale supposée du mètre carré. Admettant que la charge normale du mètre carré doive se composer du poids propre de la construction, plus du poids additionnel d'une personne, pour meubles et personnes séjournant habituellement sur ces planchers, la charge normale égale

280 kilogr. ; cette charge, comparée à celle voulue par l'hypothèse, on a :

$$R = \frac{280\,P}{490} = \frac{4\,P}{7} = 0{,}571\,428\,P.$$

La plus-value du cintrement résulte du fer ; elle suit sa qualité. Quand il sera question du coefficient R des fers n°s 3 et 4,
elle sera une fraction de celle $\frac{4\,P}{7}$ propre à ces numéros.

La plus-value du scellement, ainsi que celle de l'entretoisement et du hourdage, ayant été obtenues en les comparant au
fer ordinaire n° 2, elles seront constamment fractionnaires de
$\frac{4\,P}{7}$, n° 2, pour toutes les qualités de fer indistinctement.

N° 12. *Tableau des coefficients pratiques* R *des fers* N°s 2, 3, 4,
en barres à double T, cintrées au $\frac{1}{200}$ *de la longueur, pour
solives scellées ou encastrées, avec entretoisement et hourdage.*

DÉSIGNATION.	FERS.					
	N° 2.		N° 3.		N° 4.	
	Barres scellées.	Barres encastrées	Barres scellées.	Barres encastrées	Barres scellées.	Barres encastrées
Fer : $\frac{4\,P}{7}$ . . . . =	6846285	6846285	8222285	8222285	9397714	9397714
Cintrement : 0,067 =	458704	458704	550892	550892	643046	643046
Scellement : 0,22 du N° 2 =	1506182	»	1506182	»	1506182	»
Encastrement. . . .	»	Formule.	»	Formule.	»	Formule.
Entretoisement et hourdage : 0,105 du N° 2 =	718859	718859	718859	718859	718859	718859
R =	9530027	8023845	10998248	9492036	12465801	10959619
En nombres ronds.	9500000	8000000	10960000	9460000	12430000	10930000

N° 13. *Tableau des barres à double T. des usines de la Providence et de Montataire, en fer laminé métis n° 2, dit ordinaire, cintrées au $\frac{1}{205}$ de la longueur, scellées aux extrémités et entretoisées par des chevêtres ou par des chaînes, pour planchers hourdés, soit en globes, soit en voûtes de briques tubulaires, ou tout autre genre de hourdage équivalent.*

NOTA. Les dimensions réelles ont été diminuées, afin de tenir compte de l'oxydation.

Pour cette sorte de construction, le coefficient pratique R = 9500000 kilogr.

DÉSIGNATION du modèle.	HAUTEUR du profil.	HAUTEUR diminuée de 0m,0024.	HAUTEUR du corps entre les bourrelets augmentée δ'.	SAILLIE des bourrelets sur le corps δ''.	PLUS PETITE et plus grande largeur des nervures, diminuées de 0m,002 a.	ÉPAISSEUR du corps correspondante diminuée e_1.	VALEUR DE $\frac{1}{v}$	VALEUR du moment PG ou 1/2 p.Cs, convenable pour la stabilité.	POIDS de l'échantillon par mètre courant.	POIDS calculé selon les dimensions h,δ',δ'',e,e_1.
	m.	m.	m.	m.	m.	m.			k.	k.
P$_1$.	0 100	0 098	0 0870	0 0480	0 0440 0 0450	0 0050 0 0090	0 00002531 0 00003171	250 45 304 25	9 00 12 00	6 90 9 95
M$_1$.	0 100	0 098	0 0884	0 0478	0 0400 0 0448	0 0044 0 0089	0 00002220 0 00002910	240 90 279 80	8 06 11 56	6 02 9 45
P$_2$.	0 120	0 118	0 1060	0 04865	0 0430 0 0473	0 0057 0 0100	0 00003705 0 00004702	351 88 446 60	14 00 15 00	8 73 12 68
M$_2$.	0 120	0 118	0 1070	0 01945	0 0430 0 0476	0 0047 0 0093	0 00003352 0 00004419	348 44 449 84	10 00 14 28	7 60 11 83
P$_3$.	0 140	0 138	0 1240	0 01945	0 0450 0 0505	0 0067 0 0122	0 00005425 0 00007165	515 38 680 68	14 00 20 00	11 38 17 29
M$_3$.	0 140	0 138	0 1250	0 0212	0 0480 0 0525	0 0056 0 0102	0 00005492 0 00006648	493 24 631 56	13 00 18 00	10 34 15 26
P$_4$.	0 160	0 158	0 1446	0 01975	0 0460 0 0540	0 0065 0 0133	0 00006844 0 00009870	624 40 937 65	15 00 25 00	12 42 24 74
M$_4$.	0 160	0 158	0 1434	0 0232	0 0530 0 0598	0 0060 0 0134	0 00007648 0 00010448	723 74 992 56	16 50 25 00	13 40 24 76
P$_5$.	0 180	0 178	0 1624	0 0225	0 0530 0 0602	0 0085 0 0152	0 00009944 0 00013743	914 40 1303 50	20 00 30 00	16 56 26 54
M$_5$.	0 180	0 178	0 1626	0 02525	0 0580 0 0651	0 0075 0 0146	0 00010304 0 00015048	978 60 1334 58	20 00 30 00	16 45 26 30
P$_6$.	0 200	0 198	0 1790	0 02565	0 0606 0 0664	0 0087 0 0154	0 00014438 0 00018620	1371 64 1768 90	25 00 35 00	21 04 30 88
M$_6$.	0 200	0 198	0 1830	0 02775	0 0630 0 0740	0 0075 0 0155	0 00012534 0 00017761	1190 73 1687 30	23 00 34 40	18 05 30 38
P$_7$.	0 220	0 218	0 1990	0 02695	0 0620 0 0702	0 0084 0 0163	0 00016634 0 00023129	1580 23 2197 28	26 00 40 00	24 73 33 75
M$_7$.	0 220	0 218	0 2016	0 02765	0 0630 0 0710	0 0077 0 0157	0 00045235 0 00024574	1447 33 2049 25	24 30 38 00	20 14 33 72
P$_8$.	0 260	0 258	0 2370	0 02675	0 0650 0 0739	0 0145 0 0204	0 00026404 0 00035077	2479 88 3447 82	36 40 51 40	31 86 49 73
M$_8$.	0 260	0 258	»	»	0 0980 0 1059	0 0066 0 0145	0 00042432 0 00051043	4002 54 4849 28	45 00 61 00	39 77 55 64
P$_9$.	0 300	0 298	0 2660	0 0549	0 1180 0 1265	0 0143 0 0227	0 00065384 0 00077065	6211 48 7406 68	65 00 85 00	58 82 78 55

Observations sur ce tableau.

En comparant ce tableau au tableau n° 4, on apercevra toutes les différences qui résultent des deux modes d'appréciation.

Les valeurs $\frac{1}{2}\,p\,C^2$ du tableau n° 13, étant ramenées aux valeurs $\frac{1}{v'}$ du tableau n° 4, indiqueront le coefficient R qui correspond à celui proposé par M. Morin ; on trouve :

$$
\begin{array}{ll}
\text{k.} \qquad \text{kilog.} & \qquad\quad \text{k.} \qquad\quad \text{kilog.} \\
P_1(\ 9{,}00) = 7\,279\,445 \quad \text{et} & P_1\,(12{,}00) = 7\,620\,794, \\
P_4\,(15{,}00) = 7\,612\,597 & P_4\,(25{,}00) = 8\,099\,948, \\
P_7\,(26{,}00) = 7\,968\,885 & P_7\,(40{,}00) = 8\,309\,181,
\end{array}
$$

et l'on doit se rappeler que ces coefficients comprennent les plus-values de cintrement, etc. Dans plusieurs constructions importantes, composées de fers et tôles n° 2 , donnant $28^k,68$ à la traction, les ingénieurs anglais ont atteint ou dépassé ces coefficients sans inconvénient (n°ˢ 293 et 314).

M. Morin admet presque constamment que $R = 6\,000\,000$ kil. pour toute espèce de fer et pour toute espèce de constructions ordinaires (1), quelles que soient les causes d'altération auxquelles ces constructions seront soumises.

Toutes les constructions ne sont pas également sujettes aux mêmes chances d'altération : les constructeurs ont compris qu'elles ne peuvent être combinées d'après une base unique, et l'on a cru qu'il suffirait de varier approximativement le coefficient R, par évaluation, pour obtenir des résultats convenables (2).

Le système qui consiste à augmenter ou à diminuer le coefficient R, rend la cause qui provoque la dépréciation ou l'amélioration proportionnelle aux formules qui déterminent la résistance des solides, lesquelles ne sont aucunement indicati-

---

(1) Poutres de pont ordinaire, n° 266 ; solives de planchers, n°ˢ 268 et 314 ; combles à charpente apparente, n°ˢ 365 et suivants ; pièces mécaniques, etc.

(2) En quelques endroits de son livre, M. Morin dit : « On peut faire R « égal à *telle quantité.* » (Évaluation.)

ves ni des volumes ni de la surface des parois ; en sorte que, pour une pièce carrée, la dépréciation ou l'excédant se trouvent réglés par le membre $\frac{b^3}{6}$; pour une pièce rectangulaire, par celui $\frac{ab^2}{6}$; pour celle cylindrique, par $0,7854\,R^3$; pour les fers à double T, par $\frac{ab^3 - 2\,a'b'^3}{6\,b}$; d'où il résulterait qu'ayant découvert toutes les formules qui indiquent la résistance des solides, on aurait en même temps trouvé la loi qui régit toutes les causes d'augmentation ou de dépréciation, quelles qu'elles soient ; cela ne peut être ainsi.

Pour mieux faire ressortir le manque de proportionnalité qui résulte de l'application de cette méthode, nous avons dressé un tableau qui indique les rapports de la fraction $\frac{R}{x}$ à ajouter ou à retrancher à des solides de formes diverses ayant même volume ou un volume double ; cette fraction a été faite égale à 100,000 kilogr., fer ou fonte.

N° 14. *Tableau indiquant les rapports de la fraction $\pm \dfrac{R}{x}$ avec les volumes et les périmètres de plusieurs solides, à sections diverses, ayant même surface ou surface double.*

Figure de la section des pièces.	DIMENSIONS.		Surfaces des sections en centim². carrés.	Périmètres en centimètres.	Valeurs $\frac{I}{v'}$	$\frac{I}{v'} \times 100000.$	RAPPORTS		
							des volumes.	des périmètres.	de $\frac{I}{v^2} \times 100000.$
	Diamètres.		c.	c.					
Cercle . . {	0 03385		9	10 63	0 00000384	0 384	1	1 »	1 »
	0 04788		18	15 »	0 00001078	1 078	2	1 41	2 82
	a	b							
Carré . . . {	0 03	0 03	9	12 »	0 00000450	0 450	1	1 13	1 18
	0 04242	0 04242	18	16 97	0 00001273	1 273	2	1 60	3 34
Rectangle {	0 01	0 09	9	20 »	0 00001350	1 350	1	1 89	3 54
	0 01	0 18	18	38 »	0 00005400	5 400	2	3 58	14 17

Ce tableau montre que l'augmentation ou la diminution uniforme de R, pour les pièces de toutes formes, ne varie aucunement selon le rapport des volumes ou celui des périmètres ; que l'augmentation ou la diminution sont trop considérables ; d'où il résulte que, si l'on *ajoute* au coefficient *normal,* il y a *manque* de résistance, et, si l'on *retranche,* il y a *excès* inutile.

Il nous semble que le système qui consiste à ajouter un *quantum* à chaque dimension, ou à le retrancher, répond mieux aux causes qui affectent les solides dans leur volume et sur leurs parois. C'est ainsi que, pour les tuyaux de conduite des eaux ou du gaz, on ajoute à l'épaisseur théorique une épaisseur constante, qui a pour objet de parer à l'oxydation, aux chocs et autres accidents, et qu'à l'épaisseur des chaudières à vapeur, on augmente de $0^m,003$ la dimension théorique. Le *quantum* peut être fixe ou proportionnel avec un minimum, selon la nature de la matière et l'espèce de construction.

Construction des planchers.

M. Morin fait remarquer que la forme en cuvette donnée aux hourdis produit l'abaissement des solives.

Plusieurs constructeurs ont cherché à remédier à cet inconvénient. Ils font des voûtes en briques (1) tubulaires, de $0^m,05$ à $0^m,06$ d'épaisseur, cintrées en arc, à $\frac{1}{8}$ de l'écartement d'axe en axe ou $\frac{1}{7}$ de l'écartement entre bourrelets. Les briques sont reliées en dessus par un crépi ; ces voûtes offrent l'avantage de produire un grand vide qui rend le plancher sourd ; le scellement des lambourdes est peu pesant, parce qu'il a peu de hauteur. Ce mode de construction nous paraît préférable aux hourdis de plâtras en cuvette, et, comme il est moins cher que les hourdis en globes un peu hauts, son emploi tend à se généraliser.

On a reconnu que les barres à double T, qui fléchissent fortement, se déjettent et se tordent toutes dans la portion supérieure à l'axe neutre, laquelle fonctionne à la compression, tandis que celle inférieure fonctionne à l'extension. On doit donc renforcer la partie supérieure du solide, au lieu de renforcer celle inférieure, ainsi que cela a lieu par l'emploi des entretoises-chevêtres. On obtient ce résultat, sans plus de frais, en adoptant le système des voûtes, et en remplaçant les entretoises-chevêtres par des entretoises-chaînes qu'on place à la nervure supérieure.

Les entretoises-chevêtres, qu'on accroche sur la nervure supérieure par les coudes-crochets de leurs branches verticales, roidissent faiblement les nervures supérieures des solives, parce

---

(1) Le pont supportant la route de Paris à Saint-Denis, sur le chemin de fer de ceinture, est composé de poutres en fer et de voûtes en briques reposant sur des coussinets placés sur les semelles inférieures des poutres. Ces voûtes ont $0^m,22$ d'épaisseur ; la corde $= 2^m,06$; le rayon $= 2^m,62$; la flèche $= 0^m,211$.

que les branches verticales ne présentent de résistance que dans les coudes, lesquels sont presque toujours corrompus. Ces entretoises-chevêtres sont indispensables à tout système de hourdage posé à plat ; avec les voûtes, elles ne sont plus nécessaires.

Les entretoises-chaînes sont en petit fer plat, à crochets aux extrémités ; l'un des crochets s'exécute à l'atelier, et l'autre, à chaud, sur place ; chaque entretoise-chaîne se chevauche sur la nervure avec celle suivante, ce qui produit un tirage assez fort ; le refroidissement du fer solidifie tout le système ; les chaînes des extrémités sont scellées dans les murs en les armant de petites ancres. Ces chaînes ont ordinairement $0^m,026$ sur $0^m,006$, et se placent à $1^m,00$ d'écartement.

L'absence des entretoises-chevêtres fait reposer le plafond sur les carillons qu'on doit appuyer sur les bourrelets inférieurs, entre les joints des briques de naissance qu'on écorne un peu ; il faut couder et contrecouder ces carillons à différents degrés de hauteur, de manière telle, que le dessous ne laisse subsister, au centre de la portée des solives, que le tiers environ de leur flèche ; ce calottage est suffisant pour parer au fléchissement prévu, qui suit l'exécution de la maçonnerie. Par ces coudes, on évite de faire un plafond épais et pesant ; quatre centimètres sont l'épaisseur convenable. Les carillons, chargés seulement de $12^k,60$ par mètre linéaire, ont $0^m,\overline{011}^a$, comme ceux des hourdis posés à plat, quand la portée égale $0^m,75$, y compris deux millimètres pour l'oxydation.

Le mètre carré de surface de ces planchers voûtés, plafonnés et parquetés, pèse, compris les solives, les entretoises et les carillons, 210 à 220 kilogr. En les comptant à 280 kilogr., on ajoutera donc 60 à 70 kilogr. pour personnes ou meubles séjournant habituellement sur ces planchers. Les dimensions des barres à double T que l'on déduira des formules, seront suffisantes pour le cas d'une charge additionnelle beaucoup plus considérable ; mais lorsque la charge permanente des travées sera augmentée par des cloisons en maçonnerie, il faudra porter la charge normale au delà de 280 kilogr. par mètre carré de surface : on donnera quelques tables pour ce dernier cas.

Portées des solives.

La formule donnée par M. Morin, est :

$$\frac{R\,I}{v'} = {}^{1}\!/_{2}\ p.\ C^{2},$$

$\dfrac{R\,I}{v'}$ Moment de résistance de la pièce ;

R Plus grande résistance de l'effort permanent d'extension et
   de compression que chaque unité de surface de la section
   transversale de la pièce, sollicitée perpendiculairement
   à sa longueur, peut supporter avec sécuité (n° 141) ;
   Pour les planchers, nous avons établi que R = 9500000 k.
   par mètre carré de surface de section.

I Moment d'inertie de la section transversale, pris par rapport à la ligne des fibres invariables, ou axe de rotation
   qui passe par le centre de gravité de la section transversale (n°s 136 et 138) ;

v' Distance de la ligne des fibres invariables au point de la
   section transversale qui en est le plus éloigné (n° 141) ;

p Poids réparti uniformément par mètre de longueur dont
   la pièce peut être chargée :

$${}^{1}\!/_{2}\ p = \text{la moitié} ;$$

2 C Portée de la pièce :

$$C = \text{la moitié},$$
$$C^{2} = \text{le carré de la moitié}.$$

Application. — Soient :

Les solives écartées de 0^m,80 ;

Le modèle P$_1$, 0^m,10, pesant 9 kilogr. le mètre courant.

Chaque mètre linéaire de solives est chargé de

$$280^{k} \times 0^{m},80 = 224^{k},$$
$${}^{1}\!/_{2}\ p = 112^{k}\ \text{et}\ C^{2}\ \text{est inconnu}.$$

Le moment $^1/_2\,\mathrm{p}\,\mathrm{C}^2$, indiqué par le tableau n° 13, $= 240,45$.
La formule devient :

$$\frac{^1/_2\,\mathrm{p}\,\mathrm{C}^2}{^1/_2\,\mathrm{p}} = \mathrm{C}^2 = \frac{240,45}{112} = 2^m,146875$$

$$\sqrt{2^m,146875} = 1^m,465 = \mathrm{C}.$$

Longueur de la portée. . . . . $2\,\mathrm{C} = 2^m,93.$

Travées de planchers sans cloisons de distribution.

N° 15. *Tableau indiquant la portée des solives cintrées au $\frac{1}{300}$ de la longueur, en fer ordinaire n° 2, ayant la forme d'un T à double tête, modèles minces de* la Providence, *scellées en murs et entretoisées, avec hourdage, pour travées de planchers sans cloisons de distribution, pesant 280 kilogr. le mètre carré de surface, compris charge additionnelle pour personnes et meubles.*

Ecartement des solives.	Charge par mètre linéaire de solives p	Portées des solives à double T, pour les modèles minces P de						
		m. 0 10	m. 0 12	m. 0 14	m. 0 16	m 0 18	m. 0 20	m. 0 22
		k. 9 »	k. 11 »	k. 14 »	k. 15 »	k. 20 »	k. 25 »	k. 26 »
m.	k.	m.	m.	m.	m.	m.	m.	m.
0 70	196 »	3 13	3 79	4 59	5 04	6 24	7 48	8 03
0 75	210 »	3 03	3 66	4 43	4 87	6 00	7 23	7 76
0 80	224 »	2 93	3 55	4 29	4 71	5 81	7 00	7 52
0 85	238 »	2 84	3 44	4 16	4 57	5 63	6 79	7 29
0 90	252 »	2 76	3 34	4 05	4 44	5 47	6 60	7 08
0 95	266 »	2 68	3 25	3 94	4 32	5 33	6 42	6 89
1 00	280 »	2 62	3 17	3 84	4 21	5 20	6 26	6 72

Les barres P_8 ne sont pas comprises dans ce tableau, parce que l'exécution de ce modèle ne peut dépasser 380 kilogr. par barre, sans la plus grande difficulté. L'échantillon mince est donc borné à $9^m,50$ au plus, et l'échantillon épais à $6^m,50$. Déduisant environ $0^m,60$ pour les deux extrémités scellées, on n'a plus que $8^m,90$ et $5^m,90$ de portée. Pour P_8 mince, on trouve :

Écartement. . . . $1^m,00$ Portéc. . . $8^m,42$
— $0^m,95$ — $8^m,63$
— $0^m,90$ — $8^m,87$

Au-dessous de ces écartements, les barres P_8 ne pourraient plus fournir la longueur normale.

Les fers M_8 ne peuvent être exécutés qu'à $8^m,00$, en 45 kil., et, à $7^m,00$, en 61 kilogr.

Ceux P_9 ne sont exécutés qu'à $7^m,00$ en 65 kilogr., et 5^m50 en 85 kilogr.

N° 16. *Tableau semblable au précédent pour les modèles minces de* Montataire.

Écarte-ment des solives.	Charge par mètre linéaire de solives p	Portées des solives à double T, pour les modèles minces M de						
		m. 0 40	m. 0 12	m. 0 14	m. 0 16	m. 0 18	m. 0 20	m. 0 22
		k. 8 06	k. 10 »	k. 13 »	k. 16 50	k. 20 »	k. 22 »	k. 24 30
m.	k.	m.	m.	m.	m.	m.	m.	m.
0 70	196 »	2 93	3 61	4 50	5 44	6 32	6 97	7 69
0 75	210 »	2 83	3 48	4 35	5 25	6 11	6 74	7 43
0 80	224 »	2 74	3 37	4 20	5 08	5 92	6 53	7 19
0 85	238 »	2 66	3 27	4 07	4 93	5 74	6 33	6 97
0 90	252 »	2 58	3 18	3 96	4 79	5 58	6 15	6 77
0 95	266 »	2 51	3 09	3 86	4 66	5 43	5 98	6 59
1 00	280 »	2 45	3 02	3 77	4 55	5 29	5 83	6 43

Remarques sur les tableaux n°ˢ *15 et 16.*

Les différences des portées, entre modèles de même hauteur des deux usines, proviennent de la différence des nervures et de celle du corps e_1; ces modèles, en ces parties, varient de dimensions et, conséquemment, de poids.

Ces différences doivent guider le constructeur dans le choix du modèle. Supposons qu'il s'agit d'établir un plancher de $6^m,78$ de portée; le tableau des modèles P indique $0^m,20$, pesant 25 kilogr. le mètre courant, écartement $0^m,85$; le mètre carré de plancher employera

$$\frac{1^m,00}{0,85} = 1^m,17647 \times 25^k,0 = 29^k,412^g,$$

et le tableau des modèles M indique $0^m,22$, pesant $24^k,30$ le mètre courant, écartement $0^m,90$; le mètre carré du plancher employera

$$\frac{1^m,00}{0,90} = 1^m,1111 \times 24^k,3 = 27^k,0 ;$$

le choix du modèle M procurera donc une économie de $2^k,412^g$ par mètre carré, si l'on n'est pas commandé par l'écartement.

Autre exemple : on veut établir un plancher de $4^m,58^c$ de portée, en fer de *la Providence*. Deux modèles sont convenables : celui $0^m,14$ pesant 14 kilogr., écartement $0^m,70$, et celui $0^m,16^c$ pesant 15 kilogr., écartement $0^m,85$.

0,14 employera donc, par mètre carré. . . . . . $19^k,810^g$,
0,16   —   — $17^k,647$.

Le choix du modèle $0^m,16$ procurera, par mètre carré de plancher, une économie de. . . . . . . $2^k.163^c$,

Ce dernier exemple a lieu dans un grand nombre de cas pour les fers des deux usines ; on peut reconnaître facilement, sur chaque tableau, toutes les portées qui sont en double emploi. Quand on ne répugnera pas à employer le plus large écartement, il y aura toujours avantage à préférer le modèle de hauteur supérieure, dût-on réduire un peu les portées, exemple :

On veut faire un plancher de $3^m,13$ de portée ; le tableau indique P, $0^m,10$, écartement $0^m,70$; poids du fer $12^k,85$ par mètre carré. Employant P, $0^m,12$, écartement $1^m,00$, portée $3^m,17$ réduite à $3^m,13$, le fer ne pèsera que 11 kilogr. par mètre carré.

Quand l'écartement changera, l'économie qu'on obtiendra sur le fer à double T devra être compensée :

1° Par l'augmentation de grosseur des entretoises-chevêtres, si l'on préfère cette sorte d'entretoisement, parce que leur grosseur, variant suivant la longueur, doit être :

Pour $0^m,70$ à $0^m,75$.   Pour $0^m,80$ à $0^m,85$.   Pour $0^m,90$, $0^m,95$, $1^m,00$.
$$0,\overline{016}^2 \qquad 0,\overline{017}^2 \qquad 0,\overline{018}^2 ;$$

2° Par l'augmentation de la longueur ou du nombre des carillons. L'écartement $1^m,00$ en exige 3 mètres linéaires, tandis que l'écartement $0^m,70$ n'en exige que $2^m,86$.

Travées de planchers chargés de cloisons de distribution.

Les cloisons de distribution, considérées à leur base, s'étendent parallèlement ou perpendiculairement aux solives ; leur hauteur est très-variable ; ces cloisons pèsent 100 kilogr. le mètre carré (1).

Pour déterminer la portée des solives d'une travée de plancher surchargé de cloisons de distribution, on doit se rendre compte du poids qu'elles ajoutent au poids du plancher.

A Paris, presque tous les constructeurs désirent pouvoir distribuer à volonté sur toute travée de plancher, selon le besoin du moment, et en vue de telle circonstance future nécessitant une distribution autre que celle projetée d'abord ; c'est pourquoi plusieurs constructeurs admettent un poids supérieur à celui 280 kilogr.

M. Morin a résumé ce cas en ces termes (n° 319) : « L'usage « a conduit les constructeurs à admettre pour la charge per- « manente des planchers, en y comprenant le poids propre de « la construction, le chiffre de 400 kilogr. par mètre carré de « surface. L'excédant qui en résulte a pour effet de diminuer « l'amplitude des vibrations que l'on reprochait aux premiers « planchers en fer, mais il a aussi pour conséquence que ce « mode de construction est devenu plus dispendieux que celui « des planchers en bois. »

Cet usage pourra suffire, et au delà, pour les planchers chargés de cloisons perpendiculaires aux solives, parce que,

---

(1) Épaisseur $0^m,08 = 0^m,08$ cubes, dont :

	m.	k.	k.
Remplissage en sapin,	0,019 $\times$	540 =	7,02.
Plâtre gâché ayant séché,	0,067 $\times$	1400 =	93,80.

Poids du mètre carré. . 100,82.

dans le plus grand nombre de cas, on place ces cloisons à une distance rapprochée de l'une des extrémités des solives ; mais il y aura souvent insuffisance si elles sont placées au milieu de la portée, et pour les cloisons parallèles aux solives, cet usage sera toujours insuffisant : cela est facile à démontrer.

Prenant les deux écartements extrêmes : 1^m,00 et 0^m,70, le plancher supposé du poids de 400 kilogr. le mètre carré, on a par mètre linéaire de solives, des charges de   400^k ou 280^k

Les charges normales du plancher sans cloisons sont de.   280   ou 196

On recueille par mètre linéaire de solives des excédants de. . . . .   120^k ou   84^k

Lesquels, pour une cloison parallèle pesant 100 kilogr. le mètre carré, suffisent seulement à une hauteur de   1^m,20 ou 0^m,84, si cette cloison est posée sur une solive, et si elle est posée sur le milieu d'un entrevous, on obtient des excédants de hauteur double, soit. . . . .   2^m,40 ou 1^m,68

Or, d'après les règlements de la grande voirie, les étages de la moindre hauteur doivent avoir 2^m,60 ; d'où il résulte que, sur le minimum de hauteur des cloisons, il y a insuffisance :

Dans le deuxième cas de   0^m,20 ou 0^m,92 ;
Dans le premier cas de   1^m,40 ou 1^m,76.

Si les cloisons avaient 3^m,20, hauteur moyenne des premiers étages des maisons ordinaires, il faudrait ajouter 0^m60, ce qui élèverait le manque de résistance à

$$2^m,00 \times 100^k = 200 \text{ kilogr.}$$

par mètre linéaire, solives écartées de 1^m,00, et à

$$2^m,36 \times 100^k = 236 \text{ kilogr.},$$

solives écartées de 0^m,70, tandis que si les autres solives de la travée ne portent pas une cloison perpendiculaire, elles offriront toutes un excédant inutile considérable.

Appliquant cette dernière remarque à une travée de plancher de 5^m,82 de portée sur 10^m50 de largeur, divisée en deux chambres par une cloison parallèle aux solives, que nous supposerons au nombre de quatorze, formant, déduction faite d'une

largeur de solive, treize écartements de $0^m,803$ d'axe en axe ;
on a :

Plancher pesant 400 kilogr. le mètre carré : 14 solives, longueur $6^m,22$, modèle P_6, poids du mètre 25 kilogr. $= 2177^k,00$

Moins une solive de résistance insuffisante pour la cloison parallèle. $155^k,50$

Poids des solives employées dans la portion de plancher non surchargé de cloisons, dont la charge normale $= 280$ kilogr. par mètre carré. . . . . . $2021^k,50$

Dépense utile, plancher pesant 280 kilogr. le mètre carré : 13 solives, longueur $6^m,22$, modèle P_5, poids du mètre 20 kilogr. . . . . $1617^k,20$

Poids inutile. . . . . . . $404^k,30$

Soit : 25p.100 de trop.

On voit que l'évaluation du poids du plancher à un chiffre fictif, supérieur au poids normal, ne remédie qu'imparfaitement à l'excédant de charge produit par les cloisons parallèles; et que, si cette évaluation est suffisante pour l'excédant de charge produit par les cloisons perpendiculaires, elle occasionne une dépense inutile très-considérable quand les travées de planchers ne reçoivent pas cette dernière sorte de cloisons.

Travées chargées de cloisons parallèles aux solives.

Le poids de la cloison parallèle sera déterminé très-facilement par mètre linéaire de solive, attendu qu'un mètre de longueur sur un centimètre de hauteur pèse un kilogramme ; il y aura donc autant de kilogrammes à ajouter à la charge normale du plancher, qu'il y aura de centimètres de hauteur à la cloison.

Le poids p par mètre linéaire étant déterminé, on aura : $\frac{1}{2} p \times C^2$ dont la valeur sera cherchée dans le tableau n° 13, et l'on reconnaîtra s'il faut une ou deux solives du même modèle que celles convenables au plancher de 280 kilogr. ; l'épaisseur ou le poids seront connus en faisant la règle de proportion voulue.

Suivant l'exemple qui précède, le plancher doit être exécuté en barres P_5, pesant 20 kilogr. le mètre courant ; supposons la cloison de $2^m,90$, l'écartement $= 0^m,80$, la portée $= 5^m,82$; on a :

$$p = 0^m,80 \times 280^k + 290^k = 514 \text{ kilogr.}$$
$$\text{et } \tfrac{1}{2} p\, C^2 = 257^k \times 8^m,47 = 2176^k,79$$

valeur du moment $\frac{1}{2} p\, C^2$ convenable pour la stabilité.

Le tableau modèle P_5 indique :

$$20^k = 944,40.$$
$$30^k = 1305,59.$$

Ce qui fait voir qu'une solive pesant 30 kilogr., le mètre serait trop faible $(1305,59 < 2176,79)$; que deux solives de 20 kilogr. seraient encore trop faibles $(2 \times 944,40 = 1888,80 < 2176,79)$; qu'une solive de 20 kilogr. et une de 30 kilogr., équivalentes à deux solives de 25 kilogr., seraient un peu trop fortes $(944,40 + 1305,59 = 2249,99 > 2176,79)$.

Il faut donc employer deux solives accouplées. Le moment

$\frac{1}{2} p \, C^2$ de chaque solive $= \dfrac{2176,79}{2} = 1088,40$; l'excédant de ce moment sur $20^k = 144,0$, celui de 10^k (1) $= 361,19$; la proportion s'établit ainsi :

$$361.19 \; \centerdot \; 144,0 \; \centerdot \centerdot \; 10 \; \centerdot \; x = 3^k,986$$
$$3^k,986 + 20^k = 23^k,986,$$

poids par mètre linéaire de chaque barre dont les dimensions seront convenables.

Ces deux barres, commandées du poids de 24 kilogr. par mètre, pèseront ensemble 298^k56 ; elles remplacent la barre P_6, pesant $155^k,50$; différence $143^k,06$ à retrancher sur l'excédant $404^k,30$; il y aura donc une économie de $261^k,24$ sur le fer à double T, soit 12 p. 100, et le plancher offrira l'avantage de présenter la résistance normale voulue au droit de la cloison, ce qui n'avait pas lieu en l'établissant sur le plancher du poids moyen de 400 kilogr. par mètre carré.

On donnera plusieurs tableaux qui indiqueront le poids dont les échantillons épais peuvent être chargés, ayant les mêmes portées que les échantillons minces ; ils faciliteront les recherches qu'on devra faire quand il faudra avoir recours à l'emploi de ces échantillons.

---

(1) A la rigueur $26^k,54 - 16^k,56 = 9^k,98$, différence insignifiante.

Travées chargées de cloisons perpendiculaires aux solives.

La charge produite par les cloisons perpendiculaires aux solives se divise, presque toujours, également suivant l'écartement des solives ; mais cette charge répartie uniformément d'axe en axe doit, selon chaque cas d'éloignement des appuis, être calculée suivant la formule n° 188, convenable aux solides prismatiques posant librement sur deux appuis et chargés d'un poids quelconque 2 P, en un point distant des appuis des quantités l' et l''.

Dans les maisons ordinaires, ces cloisons servent principalement à établir des corridors de dégagement et des petits cabinets de garde-robes, éloignés des façades et rapprochés du refend ou du mitoyen qui servent de point d'appui aux travées de planchers ; souvent, ces cloisons ne sont distancées du point d'appui que de $0^m,80$ à $1^m,00$; rarement la distance excède $2^m,00$, et généralement on ne les pratique que sur les travées dont la longueur de portée est telle qu'elle permet d'établir les chambres principales, dont ils sont les appendices, entre ces cloisons et les façades. Les travées à courtes portées en sont presque toujours exemptes, et c'est peut-être à l'observation de ce fait, non formulé par les praticiens, mais cependant apprécié par eux, qu'il faut attribuer la diminution remarquable du coefficient R aux modèles de $0^m,18$, de $0^m,20$ et de $0^m,22$, convenables aux plus longues portées (1).

On va dresser un tableau qui indiquera le poids que les

---

(1) Admettant cette hypothèse, on peut alors trouver le poids que les praticiens ont attribué aux planchers chargés de cloisons. Le coefficient moyen des quatre premiers modèles = 9766712 kilogr., et celui des trois

cloisons perpendiculaires aux solives ajoutent au plancher, suivant leur éloignement du point d'appui des solives.

On remarquera que si l'on suppose le poids de $1^m,00$ carré de cloison $= 100$ kilogr., réparti sur solives à l'écartement $1^m,00$, on aura $1^m,00$ de hauteur de cloison, et que la charge indiquée pour $1^m,00$ de hauteur sur $1^m,00$ de longueur étant multipliée par la hauteur des cloisons, on aura la charge transmise au plancher par une tranche de cloison comptée pour sa hauteur réelle sur $1^m,00$ de largeur. Nous donnerons le poids pour $1^m,00$ carré; on l'augmentera selon la hauteur des cloisons, et ce nouveau poids subira ensuite toutes les diminutions voulues par les écartements moindres. Les charges seront indiquées sur portées de $5^m,00$ à 6^m00, et il y aura quelques colonnes pour la hauteur minima $= 2^m,60$ et pour la hauteur $3^m,20$.

La formule n° 188 est :

$$\frac{RI}{v'} = \frac{P\,l'\,l''}{C}.$$

$2 P = \text{poids} = 100$ kilogr.

$2 C = \text{portée.....}$ ($5^m,00$ ou $6^m,00$, selon le cas).

$l' = $ distance de la cloison jusqu'au point d'appui le plus proche, y compris son épaisseur.

$l'' = 2 C - l' = $ distance de la cloison jusqu'au point d'appui le plus éloigné.

---

derniers $= 7976282$ kil. Le poids des planchers sans cloisons $= 280$ kil. et pour les sept modèles, le moment $\frac{1}{2} p\, C^2$ est exact à $\frac{1}{54}$ ou $\frac{1}{70}$ près;

On a donc :

$$\frac{9766712 \times 140}{7976282} = \tfrac{1}{2} p = 171,4,$$

$$p = 342,8, \text{ à } \tfrac{1}{54} \text{ ou } \tfrac{1}{70}^{e} \text{ près};$$

Poids moyen admis pour les cloisons,   62,8.

La différence remarquable des coefficients R des praticiens ainsi interprétée, le véritable coefficient pratique R, pour leurs planchers non chargés de cloisons, serait 9766712 kilogr., y compris plus-values de cintrement, de scellement, etc. Presque égal à celui que nous proposons, il en résulte que leurs appréciations pratiques des plus-values, appuyées sur l'observation de faits d'exécution, sont sensiblement les mêmes que celles que nous avons obtenues par l'analyse des documents ci-devant rapportés.

Application. — Cloison placée à $1^m,00$ sur travée de $5^m,00$, on a :

$$\frac{50^k \times 1^m,00 \times 4^m,00}{2,50} = 80$$

$$80 = \frac{RI}{v'} = \text{moment PC ou } \tfrac{1}{2} p\, C^2$$

$$\frac{80}{6,25} = \tfrac{1}{2} p = 12^k,80$$

$$p = 25^k,60$$

par mètre courant de solives.

N^r 17. *Tableau indiquant la surcharge p, produite par les cloisons de distribution en maçonnerie, perpendiculaires aux solives, par mètre carré de plancher, sur travées de 5^m,00 et de 6^m,00 de portée, selon leur écartement de l'appui le plus proche.*

DISTANCE de la cloison à l'appui le plus proche l'	CHARGES SUR TRAVÉES DE 5^m,00 suivant la hauteur de			CHARGES SUR TRAVÉES DE 6^m,00 suivant la hauteur de		
	m. 1 00	m. 2 60	m. 3 20	m. 1 00	m. 2 60	m. 3 20
m.	k.	k.	k.	k.	k.	k.
0 80	21 50	55 90	68 80	15 44	40 07	49 34
0 90	23 62	61 44	75 58	17 00	44 20	54 40
1 00	25 60	66 56	81 92	18 52	48 13	59 36
1 10	27 45	71 37	87 84	19 96	51 90	63 87
1 20	29 18	75 86	93 38	21 33	55 45	68 26
1 30	30 78	80 03	98 50	22 63	58 84	72 42
1 40	32 25	83 85	103 20	23 85	62 01	76 32
1 50	33 60	87 36	107 52	25 00	65 00	80 00
1 60	34 81	90 50	111 39	26 08	67 80	83 46
1 70	35 92	93 39	114 94	27 08	70 40	86 66
1 80	36 86	95 84	117 95	28 00	72 80	89 60
1 90	37 70	98 02	120 64	28 85	75 04	92 32
2 00	38 40	99 84	122 88	29 63	77 04	94 82

Usage de ce tableau. — On trouvera facilement les surcharges pour toutes les hauteurs autres que 2^m,60 et 3^m,20 puisqu'on a la surcharge pour 1^m,00 de hauteur.

Pour trouver la portée des solives d'un plancher surchargé d'une cloison perpendiculaire, il faudra multiplier le poids indiqué dans les colonnes 1^m,00 par la hauteur de la cloison, et le produit par l'écartement adopté, puis ajouter le résultat à la charge par mètre linéaire produite par le plancher de 280 kilogr. et du membre $\frac{1}{2} p$ C² de la formule, dégager l'inconnue C² pour connaître la portée.

Cependant, pour faciliter les praticiens et se conformer à l'usage qui admet des moyennes, on va dresser un tableau qui comprendra le poids supposé de ces cloisons ; mais afin que la moyenne ne soit pas trop disparate avec les extrêmes, les treize distances l' seront divisées en trois catégories : l'une de $0^m,80$ à $1^m,10$ du point d'appui le plus proche, l'autre de $1^m,20$ à $1^m,50$, et la dernière de $1^m,60$ à $2^m,00$. La première donne en moyenne 61 kilogr., la seconde $79^k,00$, et la troisième $93^k,00$. Nous nous bornerons à indiquer les portées des solives surchargées des cloisons de la première catégorie et seulement pour les modèles de $0^m,16$ à $0^m,22$ de hauteur.

N° 18. *Tableau indiquant la portée des solives cintrées au $\frac{1}{200}$ de la longueur, en fer ordinaire n° 2, ayant la forme d'un T à double tête, modèles minces de la Providence et de Montataire, scellées en murs et entretoisées, avec hourdage, pour travées de planchers pesant 280 kilogr. le mètre carré, compris charge additionnelle pour personnes et meubles, et, en outre, chargés de cloisons perpendiculaires aux solives, évaluées à une surcharge de 60 kil.; poids total 340 kil. le mètre carré.*

Écartement des solives.	Charge par mètre linéaire de solives p	PORTÉES DES SOLIVES, MODÈLES MINCES DE							
		La Providence.				Montataire.			
		m. 0 16	m. 0 18	m. 0 20	m. 0 22	m. 0 16	m. 0 18	m. 0 20	m. 0 22
		k. 15 »	k. 20 »	k. 23 »	k. 26 »	k. 16 50	k. 20 »	k. 22 »	k. 24 30
m.	k.	m.	m.	m.	m.	m.	m.	m.	m.
0 70	238 »	4 57	5 63	6 79	7 29	4 93	5 74	6 33	6 97
0 75	255 »	4 44	5 44	6 56	7 04	4 76	5 55	6 12	6 73
0 80	272 »	4 28	5 27	6 35	6 82	4 64	5 37	5 92	6 52
0 85	289 »	4 15	5 11	6 16	6 62	4 47	5 21	5 74	6 33
0 90	306 »	4 03	4 97	5 99	6 43	4 35	5 06	5 58	6 15
0 95	323 »	3 88	4 83	5 83	6 26	4 23	4 92	5 44	5 99
1 00	340 »	3 82	4 71	5 68	6 10	4 13	4 80	5 31	5 84

Ce tableau servira aussi pour les planchers dont la construction et la charge additionnelle des personnes et meubles s'élèveront à 340 kilogr. par mètre carré de surface.

Nota. Toutes les observations faites à la suite des tableaux n°ˢ 15 et 16 sont applicables au tableau qui précède.

De l'emploi des échantillons épais.

Il y aura toujours économie à préférer les échantillons minces aux échantillons épais, quand même les barres devraient avoir plus de hauteur ; on doit se guider sur le poids du fer et donner la préférence au modèle qui pèse le moins.

Les échantillons épais ne doivent être employés que dans le cas où l'on est obligé de s'astreindre à ne pas dépasser une hauteur rigoureusement exigible, et alors que l'échantillon mince de cette hauteur est insuffisant.

Le tableau n° 13 fournit la preuve de ces observations. La valeur $\dfrac{I}{v'}$ ou le moment $\frac{1}{2}\, p\, C^2$ sont indicatifs de la résistance de chaque solide ; comparant un échantillon épais à un échantillon mince, P_5, par exemple, on a :

$$\frac{I}{v'} = \left\{ \begin{matrix} 13743 \\ 9941 \end{matrix} \right\} = \left\{ \begin{matrix} 30 \text{ kil.} \\ 20 \text{ kil.} \end{matrix} \right.$$

$$\text{Différences.} \ldots \quad 3802 \ = \ 10 \text{ kil.}$$

Ce qui démontre que pour recueillir $\frac{38}{99}$ d'accroissement de résistance, il faut dépenser $\frac{50}{100}$ en poids de fer à double T.

Si l'on compare le même modèle épais au modèle supérieur mince, on a :

$$\frac{I}{v'} = \left\{ \begin{matrix} 13743 \\ 14438 \end{matrix} \right\} = \left\{ \begin{matrix} 30 \text{ kil.} \\ 25 \text{ kil.} \end{matrix} \right.$$

$$\text{Différences.} \ldots \ + \ 695\ldots \quad -\ 5 \text{ kil.}$$

Ce qui démontre qu'on recueille un excédant en résistance, et qu'on dépense moins en poids de fer à double **T** ; presque tous les échantillons présentent ces deux cas.

Les échantillons épais ne doivent entrer dans les planchers de 280 kilogr. et de 340 kilogr., que pour être substitués à une ou deux solives minces, qui seraient insuffisantes pour porter une cloison parallèle.

Néanmoins, comme on peut être obligé, faute d'espace, de réduire l'épaisseur des planchers de quelques centimètres ; nous allons donner les tableaux des portées des échantillons épais pour les deux sortes de planchers.

N° 19. *Tableau indiquant la portée des solives cintrées au $\frac{1}{200}$ de la longueur, en fer ordinaire n° 2, ayant la forme d'un T à double tête, modèles épais de* la Providence, *scellées en murs et entretoisées, avec hourdage, pour travées de planchers sans cloisons de distribution, pesant 280 kilogr. le mètre carré de surface, compris charge additionnelle pour personnes et meubles.*

Écartement des solives.	Charge par mètre linéaire de solives p	Portées des solives à double T pour les modèles épais						
		m. 0 10	m. 0 12	m. 0 14	m. 0 16	m. 0 18	m. 0 20	m. 0 22
		k. 12 »	k. 15 »	k. 20 »	k. 25 »	k. 30 »	k. 35 »	k. 40 »
m.	k.	m.	m.	m.	m.	m.	m.	m.
0 50	140 »	4 15	5 05	6 24	7 32	8 64	10 05	»
0 55	154 »	3 96	4 82	5 95	6 98	8 24	9 59	»
0 60	168 »	3 79	4 61	5 69	6 68	7 88	9 18	»
0 65	182 »	3 64	4 43	5 47	6 42	7 58	8 82	» (1)
0 70	196 »	3 51	4 27	5 27	6 19	7 30	8 50	9 47
0 75	210 »	3 39	4 12	5 09	5 98	7 05	8 21	9 15
0 80	224 »	3 28	3 99	4 93	5 79	6 83	7 95	8 86
0 85	238 »	3 18	3 87	4 78	5 62	6 62	7 71	8 59
0 90	252 »	3 09	3 76	4 65	5 46	6 44	7 49	8 35
0 95	266 »	3 01	3 66	4 52	5 31	6 27	7 29	8 43
1 00	280 »	2 93	3 57	4 44	5 18	6 44	7 44	7 92

(1) On ne fait pas au delà de 10^m,00, et 9^m,47 de portée, plus deux scellements, donnent 10^m,00.

N° 20. *Tableau semblable au précédent, pour les modèles épais de* Montataire.

ÉCARTEMENT des solives.	CHARGE par mètre linéaire de solives *p*.	PORTÉES DES SOLIVES A DOUBLE T, pour les modèles épais.						
		m. 0 10 k. 11 56	m. 0 12 k. 44 28	m. 0 14 k. 18 00	m. 0 16 k. 25 00	m. 0 18 k. 30 00	m. 0 20 k. 34 40	m. 0 22 k. 38 00
m. 0 50	k. 140 »	m. 3 99	m. 4 89	m. 6 01	m. 7 53	m. 8 73	m. 9 82	m. »
0 55	154 »	3 84	4 67	5 73	7 18	8 33	9 36	»
0 60	168 »	3 65	4 47	5 48	6 87	7 97	8 96	»
0 65	182 »	3 50	4 29	5 27	6 60	7 66	8 61	9 53 (1)
0 70	196 »	3 38	4 14	5 08	6 36	7 38	8 30	9 15
0 75	210 »	3 27	4 01	4 91	6 15	7 13	8 02	8 83
0 80	224 »	3 16	3 88	4 75	5 95	6 94	7 76	8 55
0 85	238 »	3 06	3 76	4 61	5 77	6 70	7 53	8 30
0 90	252 »	2 97	3 65	4 48	5 64	6 54	7 32	8 07
0 95	266 »	2 89	3 56	4 36	5 46	6 33	7 11	7 85
1 00	280 »	2 82	3 46	4 25	5 32	6 17	6 94	7 65

(1) On ne fait pas au delà de 10^m,00, et 9^m,53 de portée, plus deux scellements, donnent 10^m,00.

N° 21. *Tableau indiquant la portée des solives cintrées au $\frac{1}{200}$ de la longueur, en fer ordinaire n° 2, ayant la forme d'un T à double tête, modèles épais de la Providence et de Montataire, scellées en murs et entretoisées, avec hourdage, pour travées de planchers pesant 280 kilogr. le mètre carré, compris charge additionnelle pour personnes et meubles, et, en outre, chargés de cloisons perpendiculaires aux solives, évaluées à une surcharge de 60 kilogr. par mètre carré; poids total 340 kilogr. le mètre carré.*

ÉCARTEMENT des solives.	CHARGES par mètre linéaire de solives $p.$	PORTÉES DES SOLIVES, MODÈLES ÉPAIS DE							
		LA PROVIDENCE.				MONTATAIRE.			
		m. 0 16	m. 0 18	m. 0 20	m. 0 22	m. 0 16	m. 0 18	m. 0 20	m. 0 22
		k. 25 »	k. 30 »	k. 35 »	k. 40 »	k. 25 »	k. 30 »	k. 34 40	k. 38 »
m.	k.	m.	m.	m.	m.	m.	m.	m.	m.
0 50	170 »	6 64	7 84	9 12	»	6 83	7 92	8 91	»
0 55	187 »	6 33	7 47	8 70	»	6 52	7 56	8 50	9 36
0 60	204 »	6 06	7 16	8 33	9 28	6 24	7 23	8 13	8 95
0 65	221 »	5 83	6 87	8 00	8 92	5 99	6 95	7 81	8 61
0 70	238 »	5 62	6 62	7 71	8 59	5 77	6 70	7 53	8 30
0 75	255 »	5 43	6 40	7 45	8 30	5 57	6 47	7 27	8 02
0 80	272 »	5 25	6 19	7 21	8 04	5 40	6 27	7 04	7 76
0 85	289 »	5 09	6 01	7 00	7 80	5 24	6 08	6 93	7 54
0 90	306 »	4 95	5 84	6 80	7 58	5 09	5 91	6 64	7 32
0 95	323 »	4 82	5 68	6 62	7 38	4 95	5 75	6 46	7 12
1 00	340 »	4 70	5 54	6 45	7 19	4 83	5 60	6 29	6 94

NOTA. Toutes les observations faites à la suite des tableaux n°ˢ 15 et 16 sont applicables aux trois tableaux qui précèdent.

Charges normales des échantillons épais ayant mêmes portées que les échantillons minces.

———

Dans le but de faciliter les recherches qu'on devra faire pour trouver le poids des échantillons épais qui soutiendront les cloisons parallèles aux solives, on va donner les tableaux qui indiqueront la charge normale, par mètre linéaire, convenable aux solives en échantillons épais, ayant même portée que les échantillons minces, employées pour planchers sans cloisons de distribution, pesant 280 kilogr. le mètre carré de surface, et pour planchers chargés de cloisons perpendiculaires aux solives pesant 340 kilogr,

On a toujours :

$$\frac{R\,I}{v'} = {}^1/_2\,p.\ C^2, = M\,;$$

mais, attendu que p est inconnu, le second membre de la formule doit être transformé ainsi :

$$\frac{M}{C^2} = {}^1/_2\,p, \quad \text{ou} \quad \frac{2\,M}{C^2} = p.$$

M $=$ moments ${}^1/_2$ p C² indiqués par le tableau n° 13 ;
2 C $=$ portée ;
C $= {}^1/_2$ portée ;
C² $=$ carré de la ${}^1/_2$ portée ;
p $=$ poids, réparti uniformément par mètre de longueur,
    dont la pièce peut être chargée avec sécurité,

$$^1/_2\,p = \text{la moitié.}$$

Application. Le modèle mince P$_4$, écartement 0^m,80, pour plancher pesant 280 kilogr. le mètre carré, reçoit une charge de 224 kilogr, par mètre linéaire ; la portée indiquée $=$ 4^m,7109 (tableau n° 15).

On veut savoir quel sera le poids dont on peut charger la

solive du même modèle, échantillon épais, ayant même portée,
même écartement que la solive mince ; on a :

$$M = 937,65, \qquad C = 2^m,35545, \qquad C^2 = 5^m,548,$$

$$\frac{2M}{C^2} = p = \frac{1875,30}{5,548} = 338^k,013.$$

On peut arriver à un résultat semblable en faisant la règle de
proportion suivante :

> M, échantillon mince $P_4 = 624,4$,
> ∴ M, échantillon épais $P_4 = 937,65$,
> ∴ 224 kilogr., charge par mètre linéaire de l'échantillon
>   mince P_4,
> ∴ x, charge par mètre linéaire de l'échantillon épais P_4,

$$x = 338^k,000.$$

Nota. La différence 13 grammes provient de décimales qu'on a négligé d'employer ;
le second résultat est celui qu'on doit admettre. Les tableaux qui vont suivre ont été
calculés selon la règle de proportion.

N° 22. *Tableau indiquant la charge, par mètre linéaire de solives à double T, en fer ordinaire n° 2, dont on peut charger avec sécurité les échantillons, minces et épais, modèles de la Providence, suivant les portées reconnues à chaque échantillon mince, pour les planchers sans cloisons, pesant 280 kilogr. le mètre carré de surface.*

ÉCARTEMENT des solives.	0ᵐ,10. PORTÉES	0ᵐ,10. Mince (k. 9 »)	0ᵐ,10. Épais (k. 12 »)	0ᵐ,12. PORTÉES	0ᵐ,12. Mince (k. 11 »)	0ᵐ,12. Épais (k. 15 »)	0ᵐ,14. PORTÉES	0ᵐ,14. Mince (k. 14 »)	0ᵐ,14. Épais (k. 20 »)	0ᵐ,16. PORTÉES	0ᵐ,16. Mince (k. 15 »)	0ᵐ,16. Épais (k. 25 »)	0ᵐ,18. PORTÉES	0ᵐ,18. Mince (k. 20 »)	0ᵐ,18. Épais (k. 30 »)	0ᵐ,20. PORTÉES	0ᵐ,20. Mince (k. 25 »)	0ᵐ,20. Épais (k. 35 »)	0ᵐ,22. PORTÉES	0ᵐ,22. Mince (k. 26 »)	0ᵐ,22. Épais (k. 40 »)
m.	m.	k.	k.	m.	k.	k.	m.	k.	k.	m.	k.	k.	m.	k.	k.	m.	k.	k.	m.	k.	k.
0 70	3 43	196 »	245 6	3 79	196 »	248 8	4 59	196 »	258 9	5 04	196 »	295 7	6 24	196 »	274 »	7 48	196 »	252 8	8 03	196 »	272 5
0 75	3 03	210 »	263 4	3 66	210 »	266 6	4 43	210 »	277 4	4 87	210 »	346 8	6 00	210 »	290 3	7 23	210 »	270 8	7 76	210 »	292 »
80	2 93	224 »	280 6	3 55	224 »	284 3	4 29	224 »	295 9	4 71	224 »	338 »	5 81	224 »	309 7	7 00	224 »	288 9	7 52	224 »	314 5
0 85	2 84	238 »	298 2	3 44	238 »	302 1	4 16	238 »	314 4	4 57	238 »	359 1	5 63	238 »	329 »	6 79	238 »	306 9	7 29	238 »	330 9
0 90	2 76	252 »	315 7	3 34	252 »	349 9	4 05	252 »	332 9	4 44	252 »	380 2	5 47	252 »	348 4	6 60	252 »	325 »	7 08	252 »	350 4
0 95	2 68	266 »	333 3	3 25	266 »	337 7	3 94	266 »	351 4	4 32	266 »	401 4	5 33	266 »	367 7	6 42	266 »	343 »	6 89	266 »	369 9
1 00	2 62	280 »	350 8	3 17	280 »	355 4	3 84	280 »	369 9	4 21	280 »	422 5	5 20	280 »	387 4	6 26	280 »	361 4	6 72	280 »	389 3

N° 23. *Tableau semblable au précédent pour les modèles de Montataire.*

ÉCAR-TEMENT des solives.	0ᵐ,10. PORTÉES	0ᵐ,10. CHARGES Mince	0ᵐ,10. CHARGES Épais	0ᵐ,12. PORTÉES	0ᵐ,12. CHARGES Mince	0ᵐ,12. CHARGES Épais	0ᵐ,14. PORTÉES	0ᵐ,14. CHARGES Mince	0ᵐ,14. CHARGES Épais	0ᵐ,16. PORTÉES	0ᵐ,16. CHARGES Mince	0ᵐ,16. CHARGES Épais	0ᵐ,18. PORTÉES	0ᵐ,18. CHARGES Mince	0ᵐ,18. CHARGES Épais	0ᵐ,20. PORTÉES	0ᵐ,20. CHARGES Mince	0ᵐ,20. CHARGES Épais	0ᵐ,22. PORTÉES	0ᵐ,22. CHARGES Mince	0ᵐ,22. CHARGES Épais
		k. 8 06	k. 11 56		k. 10 »	k. 14 28		k. 13 »	k. 18 »		k. 16 50	k. 25 »		k. 20 »	k. 30 »		k. 22 »	k. 34 40		k. 24 30	k. 38 »
m.	m.	k.	k.	m.	k.	k.	m.	k.	k.	m.	k.	k.	m.	k.	k.	m.	k.	k.	m.	k.	k.
0 70	2 93	196 »	259 6	3 61	196 »	258 4	4 50	196 »	251 »	5 44	196 »	268 8	6 32	196 »	267 3	6 97	196 »	277 7	7 69	196 »	347 4
0 75	2 83	210 »	278 4	3 48	210 »	276 9	4 35	210 »	268 9	5 25	210 »	288 »	6 11	210 »	286 4	6 74	210 »	297 6	7 43	210 »	371 9
0 80	2 74	224 »	296 7	3 37	224 »	293 3	4 20	224 »	286 8	5 08	224 »	307 2	5 92	224 »	305 5	6 53	224 »	317 4	7 19	224 »	396 7
0 85	2 66	238 »	345 2	3 27	238 »	343 8	4 07	238 »	304 7	4 93	238 »	326 4	5 74	238 »	324 6	6 33	238 »	337 3	6 97	238 »	421 5
0 90	2 58	252 »	333 8	3 48	252 »	332 3	3 96	252 »	322 7	4 79	252 »	345 6	5 58	252 »	343 7	6 15	252 »	357 4	6 77	252 »	446 3
0 95	2 51	266 »	352 8	3 09	266 »	350 8	3 86	266 »	340 6	4 66	266 »	364 8	5 43	266 »	362 8	5 98	266 »	376 9	6 59	266 »	471 4
1 00	2 45	280 »	370 8	3 02	280 »	369 2	3 77	280 »	358 5	4 55	280 »	384 »	5 29	280 »	381 9	5 83	280 »	396 8	6 43	280 »	495 9

N° 24. *Tableau indiquant la charge normale, par mètre linéaire de solives à double T, en fer ordinaire n° 2, dont on peut charger avec sécurité les échantillons minces et épais, modèles de la Providence, suivant les portées reconnues à chaque échantillon mince pour les planchers chargés de cloisons perpendiculaires aux solives, supposés du poids total de 340 kilogr. le mètre carré.*

ÉCARTEMENT DES SOLIVES.	0ᵐ,16			0ᵐ,18			0ᵐ,20.			0ᵐ,22.		
	PORTÉES.	CHARGES.		PORTÉES.	CHARGES.		PORTÉES.	CHARGES.		PORTÉES.	CHARGES.	
		Mince.	Épais.		Mince.	Épais.		Mince.	Épais.		Mince.	Épais.
		k. 15 »	k. 25 »		k. 20 »	k. 30 »		k. 25 »	k. 35 »		k. 26 »	k. 40 »
m.	m.	k.	k.	m.	k.	k.	m.	k.	k.	m.	k.	k.
0 70	4 57	238 »	359 3	5 63	238 »	329 2	6 79	238 »	302 »	7 29	238 »	331 »
0 75	4 41	255 »	385 »	5 44	255 »	352 7	6 56	255 »	323 5	7 04	255 »	354 6
0 80	4 28	272 »	410 7	5 27	272 »	376 2	6 35	272 »	345 1	6 82	272 »	378 2
0 85	4 15	289 »	436 3	5 11	289 »	399 7	6 16	289 »	366 6	6 62	289 »	401 8
0 90	4 03	306 »	462 »	4 97	306 »	423 2	5 99	306 »	388 2	6 43	306 »	425 5
0 95	3 92	323 »	487 7	4 83	323 »	446 7	5 83	323 »	409 8	6 26	323 »	449 4
1 00	3 82	340 »	513 4	4 71	340 »	470 3	5 68	340 »	431 4	6 10	340 »	472 8

N° 25. *Tableau semblable au précédent pour les modèles de Montataire.*

ÉCARTEMENT DES SOLIVES.	0ᵐ,16.			0ᵐ,18.			0ᵐ,20.			0ᵐ,22.		
	PORTÉES.	CHARGES.		PORTÉES.	CHARGES.		PORTÉES.	CHARGES.		PORTÉES.	CHARGES.	
		Mince.	Épais.		Mince.	Épais.		Mince.	Épais.		Mince.	Épais.
		k. 16 50	k. 25 »		k. 20 »	k. 30 »		k. 22 »	k. 34 40		k. 24 30	k. 38 »
m.	m.	k.	k.	m.	k.	k.	m.	k.	k.	m.	k.	k.
0 70	4 93	238 »	326 4	5 74	238 »	324 5	6 33	238 »	337 2	6 97	238 »	337 »
0 75	4 76	255 »	349 7	5 55	255 »	347 7	6 12	255 »	361 3	6 73	255 »	361 »
0 80	4 64	272 »	373 »	5 37	272 »	370 9	5 92	272 »	385 4	6 52	272 »	361 »
0 85	4 47	289 »	396 3	5 21	289 »	394 1	5 74	289 »	409 5	6 33	289 »	409 1
0 90	4 35	306 »	419 6	5 06	306 »	417 2	5 58	306 »	433 6	6 15	306 »	433 2
0 95	4 23	323 »	442 9	4 92	323 »	440 4	5 44	323 »	457 7	5 99	323 »	457 3
1 00	4 13	340 »	466 3	4 80	340 »	463 6	5 31	340 »	481 8	5 84	340 »	481 4

L'excédant de poids d'un échantillon épais sur l'échantillon mince représente l'excédant de la charge normale de l'échantillon épais sur la charge normale de l'échantillon mince. Lorsqu'on voudra déterminer les dimensions des barres à double **T**, destinées à soutenir le plancher et la cloison parallèle, ou mieux, le poids, par mètre linéaire, desdites barres, on retranchera la charge normale de l'échantillon mince de la charge normale de l'échantillon épais, ainsi que la charge normale du même échantillon mince de la charge provenant du plancher et de la cloison parallèle, et enfin le poids de l'échantillon mince du poids de l'échantillon épais, afin de connaître les trois *excès*, puis on fera une règle de proportion en disant :

L'excès de charge des échantillons est à l'excès de charge à satisfaire, comme l'excès de poids des échantillons est à l'excès cherché ; puis on ajoutera le produit au poids de l'échantillon mince.

Exemple sur P_4, $0^m,16$, écartement $0^m,85$, portée $4^m,57$:

La charge normale qu'on doit satisfaire s'élève à 310 kilogr. par mètre courant.

On a d'abord :

$$\text{Charges.} \quad \begin{cases} 359,1 - 238 = 121,1 \\ 310,0 - 238 = 72,0 \end{cases}$$

$$\text{Poids.} \quad 25,0 - 15 = 10,0$$

et ensuite :

$$121,1 \ : \ 72 \ :: \ 10,0 \ : \ x$$

$$x = 5,945 + 15,0 = 20,945,$$

poids par mètre linéaire de P_4, convenable pour solives de $4^m,57$ de portée, écartement 0^m85, chargées de 310 kilogr. par mètre courant.

Lorsqu'on voudra employer les échantillons épais pour recevoir une cloison parallèle, l'excédant de charge des échantillons épais devient indicatif de la hauteur de cloison qu'ils peuvent recevoir. On se rappelle que $0^m,01$ de hauteur de cloison sur 1 mètre de longueur, pèse 1 kilogr. Au modèle précité, la charge excédante $= 121^k,1$, permettra de faire une cloison parallèle de $1^m,211$; si l'on ajoute une seconde solive mince de

7.

15 kilogr. $=$ 2 solives d'ensemble $40^k,000$, soit chacune $20^k,000$, on aura pour hauteur de la cloison :

$$1^m,211 + 2^m,38 = 3^m,591.$$

Les tableaux n°s 22, 23, 24 et 25 serviront donc à trouver les pièces convenables à ces cloisons parallèles avec plus de facilité qu'en faisant le calcul indiqué page 115 ; exemple :

Sur la travée ci-dessus, de $4^m,57$, on veut établir une cloison de $3^m,20$ de hauteur ; on a :

$$P_4 \text{ plancher.} . . \quad 238^k \quad = 15^k,00 \ 1^{re} \text{ solive,}$$
$$P_4 \text{ cloison.} . . . \quad 2^m,38 \quad = 15^k,00 \ 2^e \text{ solive,}$$
$$\text{et } 10^k = 1^m,211, \text{ d'où } 0^m,82 \quad = \ 6^k,77 \text{ excédant.}$$

Plancher $+$ cloison de $3^m,20$. Poids $36^k,77 =$ 2 solives.

Chaque solive devra peser $18^k,385$ par mètre courant.

Des Poitrails.

Les poitrails en fer étant destinés à supporter des constructions verticales très-pesantes comprennent deux, trois, etc., barres espacées entre elles. Ces barres ont l'inconvénient de présenter à la construction supportée une surface beaucoup moins considérable que celle de cette construction ; il en résulte que la construction supportée ne fonctionne pas entièrement à la compression ; tout ce qui est situé au-dessus des intervalles fonctionne à la cohésion.

La résistance à la cohésion des matériaux employés le plus fréquemment dans la construction des murs de maisons ordinaires, varie entre le sixième et le douzième de la résistance à la compression.

Les murs des façades en pierre de taille tendre, en moellons ou en briques ordinaires, de $0^m,50$ d'épaisseur, élevés à la hauteur maxima permise par les règlements de la grande voirie, surchargés de planchers et d'un comble, amènent sur le pied des trumeaux du premier étage une charge de 24,000 à 26,000 k. par mètre linéaire de trumeau, soit, en moyenne, $5^k,00$ par centimètre carré. Les nervures des plus forts modèles ont, entre les arrondissements des arêtes, $0^m,06$, $0^m,09$ ou $0^m,115$ au plus de largeur. Si les poitrails sont composés seulement de deux barres, les surfaces en soffite qui agissent à la compression sont réduites aux $\frac{12}{50}$, $\frac{18}{50}$ ou $\frac{23}{50}$, et la charge s'élève à $10^k,9$, $13^k,9$ ou $20^k.8$ par centimètre carré, au lieu de $5^k,00$. Ces quantités dépassent le poids des charges normales qui conviennent à ces maçonneries ; la plus élevée atteint presque le taux des pierres dures franches (1). Théoriquement, il y a risque d'écrasement ; on

---

(1) Selon M. Morin (n° 83), la charge $20^k,8$ est supérieure à la charge normale des pierres dures : roche douce de Bagneux, roche de Châtillon, roche du Moulin, roche de Forget et roche de Marly.

doit craindre que la compression, bornée aux bandes étroites des nervures, ne produise des éclats très-nuisibles à la solidité de la construction. Si l'on ajoute à cette situation les désordres que le fléchissement du poitrail et le tassement des murs doivent amener, le risque est aggravé, et l'on peut prévoir le moment où le péril deviendra presque imminent (1).

Nous indiquerons le moyen de rendre la surface comprimée aussi étendue que celle de la construction comprimante et suffisamment rigide.

Quelques constructeurs remplissent les intervalles des barres à double T en maçonnerie ou en bois. La compressibilité de ces matières, opposée à la rigidité du fer, doit amener inévitablement le danger signalé.

La dessiccation du bois n'est à peu près complète qu'après six années de coupe. Par suite de nombreuses et anciennes observations, on a reconnu que les pièces de bois de chêne de un pied, ou cent quarante-quatre lignes, subissent dans cet espace de temps un retrait de quatre à six lignes vers le centre. On doit donc compter sur $\frac{1}{24}$ à $\frac{1}{36}$ de diminution, tant sur la hauteur que sur la largeur des pièces de charpente qu'on intercale entre les barres en fer. A une pièce en bois de $0^m,23$ de hauteur, convenable aux modèles P_8 et M_8, le retrait à prévoir doit être évalué à $0^m,0064$ ou $0^m, 0095$. Les vides qui résultent de la dessiccation détruisent la juxtaposition des matières; la maçonnerie du mur suit le bois ou reste au-dessus du vide créé

---

(1) On sait que les pierres des piliers du Panthéon de Paris avaient été taillées à lits démaigris, en sorte que la pression ne s'exerçait que sur des bandes étroites ciselées, riveraines des parements, de huit à dix centimètres de largeur, ce qui occasionna la désorganisation de la construction. En 1780, on trouva 96 fentes ou éclats, tandis qu'en 1797 on en comptait 650. M. Morin (n° 74) rapporte la remarque faite à ce sujet, en 1833, par M. Vicat : *la désorganisation a lieu avant que des fentes ou des éclats viennent l'annoncer.*

Il nous semble qu'il y a beaucoup d'analogie entre la construction de ces piliers et celle des murs posant sur les deux bandes étroites d'un poitrail en fer, souvent moins larges que les ciselures des lits de ces pierres. Des effets analogues à ceux qui ont eu lieu aux piliers du Panthéon peuvent donc survenir aux murs portés par ces barres à double T.

par la dessiccation. Dans le premier cas, les bandes de maçonnerie situées au-dessus des nervures sont trop fortement comprimées, les éclats doivent survenir ; dans le second cas, la maçonnerie n'est plus assise que sur les nervures des barres, et l'inconvénient ci-devant mentionné commence à se produire. Ce mode de remplissage est vicieux.

Le remplissage des intervalles des barres avec maçonnerie ne résiste que par la cohésion des hourdis. Exécuté souvent en moellons ou en briques tendres, mal ou imparfaitement liés entre eux, soutenu seulement par les bourrelets des nervures inférieures, ce remplissage, comprimé fortement, doit se déprimer et se fissurer en peu d'années.

Le vice de ces maçonneries, quelles qu'elles soient, consiste à n'être pas soutenues dans toute l'étendue de leur surface inférieure.

On doit recouvrir les poitrails, dans la longeur des trumeaux qu'ils supportent, avec des bandes de fer (1) ; on les coude de $0^m,01$ à $0^m,02$ à leurs extrémités et à contre-sens, et, en les posant, on alterne les crochets en haut et en bas et d'un parement à l'autre; on prévient ainsi le glissement de ces plates-bandes sur le poitrail et de la maçonnerie du mur sur les plates-bandes.

Lorsqu'on rapporte un poitrail en sous-œuvre d'un mur de face, on ne le compose souvent que de deux pièces qu'on encastre sur les flancs du mur, lequel ne pose seulement que sur le dessus des deux nervures supérieures et sur deux des bourrelets des nervures inférieures. On doit soutenir le mur sous la surface entière de sa soffite, et ne pas laisser fonctionner comme linteau, à la cohésion, les portions qui occupent l'intervalle des deux barres. A cet effet on rapporte en sous-œuvre

---

(1) Pour 25000 kilogr. par mètre linéaire, et considérant les plaques comme encastrées, nous trouvons :

Poitrail en deux pièces, un seul intervalle, $b = 0^m,011$ et avec la rouille, $0^m,013$.
Poitrail en trois pièces, deux intervalles, $b = 0^m,0035$ et avec la rouille, $0^m,0055$.

Ces plates-bandes à faces planes posent sur la face convexe de la nervure supérieure ; elles sont tangentes à la courbe de l'arc que les barres décrivent ; moins on les fera larges, mieux elles reposeront ; mais pour la stabilité, il faut faire $a > b$. On peut faire $a = 0^m,034$ à $0^m,04$ sans inconvénient.

des linteaux en fer plat (1) que l'on pose au-dessus des bourrelets inférieurs ; les extrémités doivent être amincies selon la pente des bourrelets. On doit réserver entre la soffite du mur et le dessus des bourrelets la hauteur nécessaire pour loger les linteaux ; autrement on est obligé de refouiller la vieille maçonnerie ; les petits espaces vides, entre les linteaux et la soffite, sont remplis avec ciment romain et tuileaux ou éclats de pierre dure. Ces linteaux occupent toute la longueur de la soffite, moins la place qui est nécessaire pour les présenter en diagonale avant de les poser sur les bourrelets.

Si l'on veut remplir les intervalles d'un poitrail avec une maçonnerie, on sera dispensé de mettre des bandes coudées ; mais on devra les remplacer par des linteaux. Le remplissage doit être très-résistant à la compression, afin d'éviter les éclats au-dessus des nervures supérieures ; celui en briques de Bourgogne avec ciment romain doit être préféré. Bien exécutée, cette maçonnerie ne tasse pas, et elle peut être chargée de 15 kilogr. par centimètre carré.

Le bridage des poitrails doit être exécuté avec des frettes soudées, ou avec des embrassures dont les deux branches portent des tiges de boulons filetés pour les assembler dans une plate-bande faisant corps avec l'embrassure au moyen de deux écrous. On distance ces brides de $0^m,80$ à $1^m,00$, en ayant égard, dans leur placement, aux pleins et aux vides de la maçonnerie supérieure ainsi qu'aux points d'appui intermédiaires, s'il en existe.

Le bridage avec boulons est médiocre : placés à l'axe neutre, ces boulons n'obvient pas au déversement ni à la torsion des barres, effets qu'on doit prévenir. Placés près des nervures, ils s'opposent imparfaitement au serpentage des nervures supérieures, tandis que les trous de passage pratiqués dans le corps au delà de l'axe neutre altèrent la résistance des barres.

L'entretoisement des barres à double T d'un poitrail doit être exécuté en fer.

____

(1) Pour 25000 kilogr. par mètre linéaire, et considérant les barres comme posant librement sur deux appuis, nous trouvons :
Poitrail en deux pièces, un seul intervalle, $b = 0^m,0135$, et avec la rouille, $0^m,0155$.

Quelques constructeurs percent, dans les côtés horizontaux des frettes, des trous placés immédiatement à la suite des bourrelets, et ils y mettent des chevilles à tête en fer rond. On se sert aussi de morceaux de barres à double T, d'un modèle moins haut que le modèle employé pour poitrail ; il faut que leur longueur soit exactement égale à l'espace qui sépare les barres principales. On doit éviter d'employer des cales, parce que la flexion inévitable, prévue pour les solides placés horizontalement, peut déranger ces cales et même les faire tomber, si les intervalles ne sont pas remplis en maçonnerie.

On fait des entretoises en fonte ; elles consistent en un cadre ayant à l'intérieur deux diagonales. Quelquefois l'entretoise ne comprend que deux diagonales reliées par deux traverses horizontales ; c'est l'entretoise à cadre moins les deux côtés verticaux. On n'a pas pu encore s'assurer si la flexion inévitable du poitrail occasionne la rupture de ces entretoises.

Pour donner aux scellements des solives la valeur d'un encastrement, M. Morin a conseillé de garnir le dessous et le dessus des extrémités engagées dans les murs avec des bandes en fer et de les couvrir d'une pierre de taille dure (1). Tout ce que cet auteur a recommandé pour les solives est applicable aux poitrails. Les plates-bandes à coudes, qui permettent à la maçonnerie du mur de porter dans toute sa surface sur le poitrail, concourent à procurer l'encastrement. Lorsque les constructions adjacentes aux extrémités du poitrail offriront la possibilité de l'obtenir, il suffira alors d'ajouter une pierre dure exactement taillée, posée sans interposition de mortier sur le dessus desdites extrémités, pour parfaire l'encastrement.

Les pièces principales des poitrails, ainsi que les solives, sont cintrées au $\frac{1}{200}$ de leur longueur. Si l'on ne veut rien diminuer de la plus-value du cintrement, il faut dresser et araser entre elles les extrémités de butée de ces pièces et les serrer fortement avec des bandes de fer en coins ou parallélipipèdes,

-----

(1) Voir, p. 59, le texte extrait de cet auteur, ainsi que les observations que nous avons présentées à ce sujet.

selon le cas, contre des pierres dures posées sans interposition de mortier.

Lorsqu'on cale le dessous des barres à double **T**, soit sur les points d'appui en pierre, soit sur ceux en fonte, il est essentiel de remarquer que le cintrement produit, sur toute la hauteur à caler, une différence égale au $\frac{1}{100}$ de la longueur du scellement, soit un millimètre par décimètre ; les cales doivent donc différer d'épaisseur ; il est convenable de les amincir en lame de couteau.

Les poitrails établis selon les prescriptions indiquées ci-dessus pourront être considérés comme solides encastrés à leurs deux extrémités, et l'étendue de leur portée sera obtenue en appliquant la formule $\frac{RI}{v'} = \frac{1}{3}\, p\, C^2.$

Des coefficients pratiques R pour les poitrails.

Les fers des poitrails, comme ceux des planchers, supportent des maçonneries humides momentanément ; ce sont les valeurs $\dfrac{1}{v'}$ du tableau n° 13 qu'on doit employer.

La charge en service nous paraît aussi, comme celle des planchers, pouvoir être portée à $\dfrac{4\,P}{7}$, au lieu de $\dfrac{P}{2}$, par toutes les considérations énoncées aux solives et, notamment, en remarquant que, lorsqu'on fait $R = \dfrac{P}{2}$, les valeurs $\dfrac{I}{v'}$ sont plus élevées que celles obtenues après diminution de toutes les mesures de chaque échantillon, dans le but de faire la part de l'oxyde.

La plus-value de cintrement, fixée à $0^m,067$ pour les solives scellées, atteindra, par l'application de la formule

$$\frac{RI}{v'} = \tfrac{1}{3}\,p\,C^2,$$

sa valeur entière aux pièces encastrées ; elle doit donc être maintenue à ce chiffre pour les barres de poitrails scellés.

La plus-value de l'entretoisement pourrait être plus élevée qu'aux solives, parce que le bridage et l'entretoisement avec fer est supérieur à celui des planchers ; mais, attendu qu'aucune expérience directe n'a été faite sur les poitrails bridés et entretoisés, la prudence commande d'assimiler cet entretoisement à celui qui a été expérimenté sur les solives, lequel a été fixé à 0,105, soit un tiers de la valeur donnée par les expériences. Aux poitrails encastrés, cette plus-value atteindra moitié de la valeur entière ; on ne croit pas devoir dépasser ces deux fractions, par les motifs qu'on a fait valoir au sujet de la nouveauté de ces expériences.

Les coefficients R des poitrails seront donc les mêmes que ceux des solives indiqués par le tableau n° 12.

Charges normales des poitrails.

La charge des poitrails présente une variété infinie de cas qu'on ne peut prévoir, à l'exception d'un seul, celui où elle est uniformément répartie ; pour tous les autres cas, il faut établir la figure de la portion de mur à supporter, en déterminer le sectionnement suivant les principes de l'art, fixer le poids réel de la charge et son point d'application, puis appliquer les formules qui régissent chaque cas de la charge réelle, et qu'on trouve aux n°s 185 et suivants dans l'ouvrage de M. Morin. Les valeurs $\dfrac{RI}{v'}$ qu'on obtiendra, pourront être ramenées aux moments $\frac{1}{2}$ p C^2 ou $\frac{1}{3}$ p C^2, suivant le cas, lesquels indiqueront la charge normale uniformément répartie par mètre linéaire.

On n'indiquera donc aucune portée pour ces cas variés à l'infini, et l'on se bornera à désigner la charge normale de chaque barre à double **T**, suivant une portée connue, en supposant que ces barres sont chargées uniformément dans toute l'étendue de la portée entre appuis.

La formule applicable à ce cas est celle dont on a déjà fait usage page 94 ; elle se résume ainsi :

$$\frac{M}{C^2} = \tfrac{1}{2}\,p \quad \text{ou} \quad \frac{2M}{C^2} = p.$$

Application. Un poitrail composé de trois barres à double T, modèle P$_5$, pesant 20 kilogr., est chargé uniformément sur toute sa longueur ; sa portée 2 C $= 1^m,80$; on veut connaître le poids dont chaque barre peut être chargée ; on a :

$$\frac{944,40}{0^m,81} = 1165^k,926 \times 2 = 2331^k,852,$$

ou bien :

$$\frac{2 \times 944,40}{0^m,81} = 2331^k,852,$$

charge normale par mètre linéaire de barre ; celle du poitrail
$$= 2331^k,852 \times 1^m,80 \times 3 = 12592^k.$$

N° 26. *Tableau indiquant le poids, par mètre linéaire, dont on peut charger les barres à double T, en fer ordinaire n° 2, modèles minces de* la Providence, *cintrées au $\frac{1}{200}$ de la longueur, employées pour poitrails ordinaires, bridées, entretoisées et scellées dans les murs.*

PORTÉES.	CHARGES PAR MÈTRE LINÉAIRE DES MODÈLES MINCES DE						
	m. 0 14	m. 0 16	m. 0 18	m. 0 20	m. 0 22	m. 0 26	m. 0 30
	k. 14 »	k. 15 »	k. 20 »	k. 25 »	k. 26 »	k. 40 »	k. 65 »
m. 1 20	2863 2	3452 2	5247 2	7620 »	8779 »	13777 1	34508 2
1 30	2439 6	2944 5	4470 5	6492 8	7480 3	11739 »	29403 4
1 40	2103 5	2536 3	3854 6	5598 4	6449 9	10121 9	25352 9
1 50	1832 4	2209 4	3357 8	4876 8	5618 5	8817 3	22085 3
1 60	1610 5	1944 8	2931 2	4286 2	4938 2	7749 5	19410 8
1 70	1427 3	1720 1	2614 2	3796 8	4374 3	6864 7	17194 4
1 80	1272 5	1534 1	2405 5	3386 6	3901 8	6123 1	15275 2
1 90	1142 1	1377 »	2092 8	3039 5	3501 8	5495 5	13765 »
2 00	1030 7	1242 8	1888 8	2743 2	3160 4	4959 7	12422 9
2 10	934 9	1127 2	1713 1	2488 1	2866 6	4498 6	11267 9
2 20	851 8	1027 1	1560 9	2267 1	2611 9	4098 9	10266 9
2 30	779 4	939 7	1428 2	2074 2	2389 7	3750 2	9393 5
2 40	715 8	863 »	1311 8	1905 »	2194 7	3444 2	8627 »
2 50	659 6	795 3	1208 8	1755 6	2022 6	3014 2	7950 6

N° 27. *Tableau semblable au précédent pour les modèles épais de* la Providence.

PORTÉES.	CHARGES PAR MÈTRE LINÉAIRE DES MODÈLES ÉPAIS DE						
	m. 0 14	m. 0 16	m. 0 18	m. 0 20	m. 0 22	m. 0 26	m. 0 30
	k. 20 »	k. 25 »	k. 30 »	k. 35 »	k. 40 »	k. 58 »	m. 85 »
m.	k.	k.	k.	k.	k.	k.	k.
1 20	3781 5	5209 1	7253 2	9827 2	12207 »	18987 2	41148 2
1 30	3222 1	4438 5	6180 2	8364 6	10519 5	16178 4	35064 2
1 40	2778 2	3827 1	5328 9	7220 »	8968 4	13949 7	30231 3
1 50	2420 1	3333 8	4642 »	6289 4	7812 4	12151 8	26334 8
1 60	2127 1	2930 1	4079 9	5527 8	6866 4	10680 3	23145 8
1 70	1884 2	2595 5	3614 »	4896 2	6082 3	9460 7	20502 9
1 80	1680 6	2313 9	3223 6	4367 6	5425 3	8438 7	18288 »
1 90	1508 4	2077 8	2893 2	3920 »	4869 2	7573 8	16413 6
2 00	1361 3	1875 3	2611 1	3537 8	4394 5	6835 4	14813 3
2 10	1234 7	1700 9	2368 4	3208 8	3985 9	6199 9	13436 1
2 20	1125 »	1549 8	2158 »	2923 8	3631 8	5649 »	12242 4
2 30	1029 3	1417 9	1974 4	2675 »	3322 8	5168 5	11201 »
2 40	945 3	1302 2	1813 3	2456 8	3051 7	4746 8	10287 »
2 50	871 2	1201 9	1671 1	2264 1	2812 4	4374 6	9480 5

N° 28. *Tableau indiquant le poids, par mètre linéaire, dont on peut charger les barres à double T, en fer ordinaire n° 2, modèles minces de* Montataire, *cintrées au $\frac{1}{200}$ de la longueur, employées pour poitrails ordinaires, bridés, entretoisés et scellés dans les murs.*

PORTÉES.	CHARGES PAR MÈTRE LINÉAIRE DES MODÈLES MINCES DE					
	m. 0 14	m. 0 16	m. 0 18	m. 0 20	m. 0 22	m. 0 26
	k. 13 00	k. 16 50	k. 20 00	k. 22 00	k. 24 30	k. 45 00
m.	k.	k.	k.	k.	k.	k.
1 20	2740 2	4020 6	5436 6	6615 1	8040 7	22236 3
1 30	2334 8	3425 8	4632 4	5635 5	6851 2	18946 9
1 40	2013 2	2953 9	3994 2	4860 1	5907 4	16336 8
1 50	1753 7	2573 1	3479 4	4233 7	5146 »	14231 2
1 60	1541 3	2261 5	3058 1	3724 »	4522 9	12507 9
1 70	1365 3	2003 3	2708 9	3296 1	4006 4	11079 6
1 80	1217 8	1786 9	2416 2	2940 »	3561 3	9882 8
1 90	1093 »	1603 7	2168 6	2638 7	3207 3	8869 8
2 00	986 4	1447 4	1957 2	2384 4	2894 6	8005 »
2 10	894 7	1312 8	1775 2	2160 »	2625 5	7260 8
2 20	845 2	1196 2	1617 5	1968 1	2392 2	6615 7
2 30	745 9	1094 4	1479 9	1800 7	2188 7	6052 9
2 40	685 »	1005 1	1359 1	1653 7	2010 1	5559 »
2 50	631 3	926 3	1252 6	1524 1	1852 5	5123 2

N° 29. *Tableau semblable au précédent pour les modèles épais de* Montataire.

PORTÉES.	CHARGES PAR MÈTRE LINÉAIRE DES MODÈLES ÉPAIS DE					
	m. 0 14	m. 0 16	m. 0 18	m. 0 20	m. 0 22	m. 0 26
	k. 18 00	k. 25 00	k. 30 00	k. 34 40	k. 38 00	k. 61 00
m.	k,	k.	k.	k.	k.	k.
1 20	3508 6	5514 2	7414 2	9373 8	11384 7	26940 4
1 30	2989 6	4698 4	6317 4	7987 2	9700 5	22955 1
1 40	2577 7	4051 5	5447 1	6886 9	8364 2	19792 9
1 50	2245 5	3529 1	4745 1	5999 2	7286 2	17241 8
1 60	1973 6	3101 3	4170 5	5272 8	6403 9	15154 »
1 70	1748 2	2712 9	3694 2	4670 7	5672 6	13423 6
1 80	1559 4	2450 7	3282 8	4166 1	5059 8	11973 5
1 90	1399 4	2199 5	2957 4	3739 1	4541 2	10746 3
2 00	1263 1	1985 1	2669 1	3374 6	4098 5	9698 5
2 10	1145 6	1800 5	2420 9	3060 8	3717 4	8796 8
2 20	1043 9	1640 5	2205 8	2788 9	3387 1	8015 3
2 30	955 1	1501 »	2018 2	2554 6	3099 »	7333 5
2 40	877 1	1378 5	1853 5	2343 4	2846 1	6735 1
2 50	808 3	1270 4	1708 2	2159 7	2623 »	6207 »

Usage de ces quatre tableaux.

On remarquera d'abord que toutes les charges sont proportionnelles entre elles, en raison inverse des carrés des portées ; ainsi, comparant les portées $1^m,20$ et $2^m,40$, celle-ci étant double de la première, son carré est quadruple du carré de $1^m,20$, et le rapport inverse rend la charge quatre fois plus petite, ou, inversement, le carré de $1^m,20$ étant quatre fois plus petit que le carré de $2^m,40$, la charge est quatre fois plus grande pour $1^m,20$ de portée que pour $2^m,40$.

Cette remarque servira à trouver les portées inférieures à $1^m,20$ et celles supérieures à $2^m,50$; ainsi, pour trouver la charge, par mètre linéaire, des divers modèles employés à $1^m,15$ de portée, il suffira de quadrupler les charges indiquées à la portée $2^m,30$, et, pour trouver la charge, par mètre linéaire, de la portée $2^m,60$, on prendra le quart de celles indiquées à la portée $1^m,30$.

Lorsque les portées à satisfaire ne seront ni multiples ni diviseurs de celles des tableaux, il faudra faire une règle de proportion pour trouver la charge normale convenable à la portée à satisfaire, en ayant soin d'intervertir l'ordre des carrés des portées, et, afin de la simplifier dans l'un de ses termes, on prendra le carré de la portée $2^m,00 = 4$, ce qui évitera les décimales à ce terme.

Exemple : on veut connaître la charge normale, par mètre de longueur, d'une barre P_8, 40 kilogr., ayant $2^m,92$ de portée ; on a : $\overline{2,92}^2 = 8^m,526$; on dira :

$$8^m,526 : 4^m : : 4959^k,7 : x ;$$
$$x = 2326^k,8,$$

charge normale uniformément répartie par mètre linéaire ; charge normale totale : $2^m,92 \times 2326^k,8 = 6794^k,3$ par barre.

La charge de la construction ayant été déterminée par mètre linéaire, suivant ce qui a été dit page 108, sera répartie sur 2, 3, etc., barres ; on cherchera les modèles dont les charges se rapporteront à celle répartie par barre, si la portée s'y trouve : si on ne la trouve pas, on fera la proportion indiquée.

Nous allons présenter un exemple.

Un poitrail aura $2^m,40$ entre dosserets ; il sera supporté par un point d'appui intermédiaire équidistant de $0^m,10$ de largeur ; chaque espace de portée $= 1^m,15$. La charge totale, uniformément répartie $= 46\,000$ kilogr. ; celle par mètre linéaire $= 19\,166$ kilogr., laquelle, distribuée sur deux pièces $= 9\,583$ kilogr. Le carré de la portée $1^m,15$ est quatre fois plus petit que celui de la portée $2^m,30$; on a $\frac{9583}{4} = 2395$ k., qu'on doit chercher à la portée $2^m,30$; on trouve P_7, $0^m,22$, pesant 26 kilog. le mètre courant $= 2389^k,7$. Le fer à double T convenable est le modèle P_7, du poids de 26 kilogr. le mètre courant, soit 52 kilogr. de fer à double T par mètre courant de poitrail.

On trouve encore :

$$M_7, 0^m,22, \text{ pesant } 24^k,30 = 2188^k,7,$$
$$M_7, 0^m,22, \text{ pesant } 38^k,00 = 3099^k,0,$$

d'où l'on tire :

$$2188^k,7 + 206^k,3 = 24^k,30 + 3^k,10 = 27^k,40 \ (1),$$

poids du mètre linéaire de la barre M_7, de $0^m,22$ de hauteur. Le mètre de poitrail pèsera 54^k80.

Si l'on veut employer un modèle moins haut, on trouve :

$$P_6, 25^k,0 = 2074^k2 \quad \text{et} \quad M_6, 22^k,0 = 1800^k,7,$$
$$P_6, 35^k,0 = 2675^k0 \quad \text{et} \quad M_6, 34^k,4 = 2551^k,6,$$

d'où l'on tire :

$$P_6 = 2074^k,2 + 320^k,8 = 25^k,0 + 5^k,34 = 30^k,34 \times 2$$
$$= 60^k,68 \text{ pour le poitrail, par mètre linéaire.}$$
$$M_6 = 1800^k,7 + 594^k,3 = 22^k,0 + 9^k,81 = 31^k,81 \times 2$$
$$= 63^k,62 \text{ pour le poitrail, par mètre linéaire.}$$

Les modèles P_5 et M_5 ne conviennent pas si le poitrail doit être borné à deux barres, parce que les échantillons épais ne donnent que $1974^k,4$ et $2018^k,2$, tandis qu'il faut 2395 kilogr.

---

(1) L'indication de ce calcul a été donnée page 84.

En composant le poitrail de trois barres, la charge, par mètre linéaire, 19466 kilogr., distribuée sur elles = 6389 kilogr. par barre, laquelle, comparée à la portée $2^m,30$, $= \frac{6389}{4} = 1597$ k. ; cette charge est intermédiaire entre celles des échantillons minces et épais des modèles P_5 et M_5 : on a donc :

$$P_5, 30^k,0 = 1974^k,4 \quad \text{et} \quad M_5, 30^k,0 = 2018^k,2,$$
$$P_5, 20^k,0 = 1428^k,2 \quad \text{et} \quad M_5, 20^k,0 = 1479^k,9.$$

d'où l'on tire :

$$M_5 = 1479^k,9 + 117^k,1 = 20^k,0 + 2^k,17 = 22^k,17 \times 3$$
$$= 66^k,51 \text{ pour le poitrail, par mètre linéaire.}$$
$$P_5 = 1428^k,2 + 168^k,8 = 20^k,0 + 3^k,09 = 23^k,09 \times 3$$
$$= 69^k,26 \text{ pour le poitrail, par mètre linéaire.}$$

Les modèles P_4 et M_4 ne conviendront qu'en composant le poitrail des quatre barres, et ceux P_3 et M_3 qu'en en mettant cinq.

Il y aura toujours économie à employer le modèle le plus haut ; mais les poitrails composés seulement de deux pièces compriment les appuis moins uniformément que ceux composés de trois, quatre, cinq, etc., barres, dont les six, huit ou dix extrémités scellées présentent une surface de pression plus étendue que celle des quatre extrémités d'un poitrail à deux barres ; celles-ci, placées uniquement près des parements extérieurs, étant chargées d'un poids plus considérable que les extrémités des poitrails à trois, quatre ou cinq barres, tendent à faire éclater les appuis sur leurs arêtes.

S.

Emploi des fers n°s 3 et 4 ; avantages de l'encastrement sur le scellement.

Toutes les applications qui ont été faites pour les planchers et les poitrails sont relatives au fer ordinaire n° 2 ; nous avons fait valoir les motifs qui doivent engager les constructeurs à compter principalement sur l'emploi de ce fer dans les cas ordinaires.

Ce sont les cas exceptionnels qui peuvent motiver l'emploi des fers n°s 3 et 4; mais on devra prendre toutes les précautions possibles pour s'assurer de leur qualité.

Les cas exceptionnels ne peuvent être spécifiés ; toutefois ils ne doivent se produire que s'il y a insuffisance de résistance dans les modèles épais en n° 2, quand les longueurs atteignent le maximum que l'outillage des usines ne permet pas de dépasser.

Cependant l'emploi des divers modèles de dimensions courantes en fers n°s 3 et 4 procurerait d'importants avantages, qui devraient être compensés, il est vrai, par l'excédant de prix sur le n° 2, et ces avantages seraient accrus s'il y avait possibilité d'obtenir l'encastrement.

La preuve de ces assertions peut être tirée du tableau général des coefficients R (n° 12). Jusqu'à présent un seul des six coefficients donnés par ce tableau, celui du fer ordinaire n° 2, pièces scellées, a été appliqué aux valeurs $\dfrac{f}{v'}$ du tableau n° 13, pour désigner toutes les portées et les charges insérées dans les tableaux n°s 15, 16, 18, 19, 20, 21, 22, 23, 24, 25, 26, 27, 28 et 29. L'application des cinq autres coefficients donnerait lieu à cinq fois autant de portées et de charges autres que celles inscrites dans ces quatorze tableaux.

Il faudrait donc dresser, pour les pièces scellées en fers n°s 3 et 4, un nombre de tableaux double de ceux des pièces en fer n° 2, et pour les pièces encastrées un nombre triple, soit en totalité soixante-dix nouveaux tableaux.

Ce grand nombre de tableaux serait superflu dans un simple essai ; nous nous bornerons à établir les rapports exacts entre les divers cas traités en fer n° 2, et ceux semblables qui devraient prendre successivement chacun des cinq autres coefficients pratiques R : ces rapports connus, le lecteur suppléera facilement à l'absence de ces soixante-dix tableaux.

Les formules appliquées aux coefficients R serviront à trouver ces rapports.

Pièces scellées. — Le coefficient R comprend les plus-values de cintrement, de scellement et d'entretoisement. Ces pièces sont considérées comme solides posant librement sur deux appuis, pour lesquels la formule est :

$$\frac{RI}{r'} = \tfrac{1}{4} p\, C^2.$$

Pièces encastrées. — R comprend seulement les plus-values de cintrement et d'entretoisement. La plus-value de scellement est remplacée par l'encastrement dont la valeur fait partie de la formule, laquelle est :

$$\frac{RI}{v'} = \tfrac{1}{3} p\, C^2.$$

Marquant R par le numéro du fer R_2, R_3, R_4 pour les pièces scellées, et R'_2, R'_3, R'_4 pour celles encastrées, on aura les rapports des portées en posant les équations suivantes :

$$\sqrt{\frac{R_3}{R_2}} = x \ldots$$ rapport des portées des pièces scellées en n° 3, avec celles en n° 2.

$$\sqrt{\frac{R_4}{R_2}} = x \ldots$$ rapport des portées des pièces scellées en n° 4, avec celles en n° 2.

$$\sqrt{\frac{3\,R'_2}{2\,R_2}} = x \ldots$$ rapport des portées des pièces encastrées en n° 2, avec celles scellées en n° 2.

$$\sqrt{\frac{3\,R'_3}{2\,R_2}} = x \ldots$$ rapport des portées des pièces encastrées en n° 3, avec celles scellées en n° 2.

$$\sqrt{\frac{3\,R'_4}{2\,R_2}} = x \ldots$$ rapport des portées des pièces encastrées en n° 4, avec celles scellées en n° 2.

On obtiendra les rapports des charges normales de toutes ces pièces en supprimant le radical dans les cinq équations précédentes, ce qui revient à rendre ces rapports égaux à ceux des portées en affectant ceux-ci de l'exposant de la seconde puissance.

Effectuant tous les calculs, on forme le tableau suivant :

N° 30. *Tableau indiquant les rapports des portées et ceux des charges des pièces scellées en fers n°s 3 et 4, et des pièces encastrées en fers n°s 2, 3 et 4, avec les portées ou les charges des pièces scellées en fer n° 2.*

PIÈCES.	NUMÉROS des fers.	RAPPORTS DES	
		PORTÉES.	CHARGES.
Scellées..............	2	1 0000	1 0000
	3	1 0711	1 1537
	4	1 1439	1 3084
Encastrées............	2	1 1239	1 2632
	3	1 2222	1 4937
	4	1 3137	1 7258

Ce tableau donne une juste idée des avantages qu'on recueillera dans l'exécution quand on procurera l'encastrement aux solives, et lorsqu'on préférera employer des fers de meilleure qualité.

Ainsi, la pièce encastrée en n° 2 présentera sur la pièce scellée, également en n° 2, une augmentation de portée de. . . . . 12 p. 100

Et à portées égales, la charge augmentera de.   26 p. 100

La pièce scellée qu'on établira en fer n° 3 présentera sur la pièce scellée en fer n° 2 un accroissement de portée de. . . . .   7 p. 100

Et si on l'encastre, il sera de. . . . . . .   22 p. 100

A portées égales, la charge de la pièce scellée
en n° 3 s'accroîtra de . . . .   15 p. 100
    Et si on l'encastre, elle s'accroîtra de . . .   49 p. 100
    Une pièce scellée en n° 4 offrira sur la pièce
scellée en n° 2 une augmentation de portée de.   14 p. 100
    Et si on l'encastre, l'augmentation sera de.   .   31 p. 100
    A portées égales, la charge de la pièce scellée
en n° 4 augmentera de. . . . .   30 p. 100
    Et si on l'encastre, la charge augmentera de.   72 p. 100

Usage de ce tableau. — Les rapports 1,0 s'appliquent aux
portées et aux charges indiquées par les quatorze tableaux
n°ˢ 15, 16 et 18 à 29 inclus.

On connaîtra les portées des pièces scellées en fers n°ˢ 3
et 4 et les portées des pièces encastrées en fers n°ˢ 2, 3 et 4,
en multipliant les portées des pièces scellées en fer n° 2, indiquées dans les tableaux n°ˢ 15, 16, 18, 19, 20 et 21, par
les rapports inscrits dans le tableau n° 30, à la colonne des
portées ; et l'on connaîtra la charge normale des pièces scellées
en fers n°ˢ 3 et 4, et la charge normale des pièces encastrées
en fers n°ˢ 2, 3 et 4, en multipliant les charges des pièces
scellées en fer n° 2, indiquées dans les tableaux n°ˢ 22, 23, 24,
25, 26, 27, 28 et 29 par les rapports inscrits dans le tableau
n° 30 à la colonne des charges.

Exemples : La charge également répartie que portera une
barre de poitrail scellé en fer n° 2, modèle P_9, de 0ᵐ,30 de
hauteur, pesant 85 kilogr. le mètre courant ayant 2ᵐ,50 de
portée = 9480ᵏ,5 par mètre linéaire.

Si l'on veut employer du n° 4 et encastrer les extrémités, on
aura :

Sous la même charge : portée 2ᵐ,50 × 1,3137 = 3ᵐ,28 ;
Avec la même portée : charge 9480ᵏ,5 × 1,7258 = 16361 kil.

La portée du modèle P_7, de 0ᵐ,22, pesant 26 kil., employé à
l'écartement 0ᵐ,70, pour plancher pesant 280 kilogr., indiquée
par le tableau n° 15 = 8ᵐ,03.

Les portées de ce modèle, exécuté en fers nᵒˢ 2, 3 et 4, solives scellées ou encastrées, seraient :

	SOLIVES SCELLÉES			SOLIVES ENCASTRÉES.		
	Nᵒ 2.	Nᵒ 3.	Nᵒ 4.	Nᵒ 2.	Nᵒ 3.	Nᵒ 4.
Portées.	8ᵐ,03	8ᵐ,63	9ᵐ,19	9ᵐ,02	10ᵐ,14	10ᵐ,55

Ces exemples font ressortir suffisamment les avantages qu'on peut obtenir par l'emploi des fers de meilleure qualité et par la transformation du scellement en encastrement.

FIN.

TABLE DES MATIÈRES.

(Voir l'Errata au verso.)

ERRATA.

Pages.	Lignes.	
5	1	de la note. $a'=0^m,185$, *lisez* : $a'=0^m,0185$.
7	(tableau.)	Colonne $0^m,18$. $6^m,40$, *lisez* : $5^m,40$.
14	3	$\frac{5}{2}$ p C^2, *lisez* : $\frac{1}{2}$ p C^2.
18	3	$\frac{1}{79}$, *lisez* : $\frac{1}{70}$.
23	5	L'affinage de la fonte, *lisez* : Ainsi que l'affinage, etc.
25	15	de la note. Après inconnues, *ajoutez* : Le chauffage au charbon minéral contribue à les rendre moins forts que ceux chauffés au bois.
27	13	de la note. Tôle, *lisez* : tubes.
33	10	$\frac{5}{10}$, *lisez* : $\frac{89}{104}$.
40	(tableau.)	7489880000, *lisez* : 7489830000.
45	(tableau.)	3ᵉ colonne, au-dessus de l'accolade, *ajoutez* : i.
54	6	distances, *lisez* : distancés.
55	(1ᵉʳ tableau)	dernière colonne. 2 C $\times$ p, *lisez* : 2 C $\times$ 2 p.
56	29	à la flexion, *ponctuez* : ;
65	1	$\frac{I}{v}$, *lisez* : $\frac{I}{v'}$.
71	17	et les, *lisez* : ou les.
89	(tableau.)	$3^m,88$, *lisez* : $3^m,92$.
90	11	$\frac{5}{2}$ p C^2, *lisez* : $\frac{1}{2}$ p C^2.
107	19	est supérieur à celui, *lisez* : sont supérieurs à l'entretoisement.

PRIX DE RÈGLEMENT applicables aux travaux de bâtiments, établis par le

Bureau de vérification et de règlement de la Préfecture de la Seine, publiés avec l'autorisation du Préfet de la Seine. Broché. 10 fr.
— Cartonné. 11 fr.
Ajouter 60 centimes pour le recevoir *franco* en province.

CONSTRUCTIONS (CODE DES) ET DE LA CONTIGUITÉ, ou Législation complète des

Bâtiments et Constructions, des Servitudes et du Voisinage ; par PERRIN. 4ᵉ édition. 1 vol. in-8°. 9 fr.

EXPROPRIATION POUR CAUSE D'UTILITÉ PUBLIQUE (TRAITÉ DE L') ; par M. le chevalier

DELALLEAU, 5ᵉ édition, entièrement refondue, et augmentée de la Législation, de la Doctrine et de la Jurisprudence jusqu'à ce jour ; par M. JOUSSELIN, Avocat à la Cour de cassation. Continué par M. AMBROISE RENDU, Avocat à la Cour de cassation et au Conseil d'Etat. 2 forts vol. in-8. 1858 16 fr.

EXPROPRIATION POUR CAUSE D'UTILITÉ PUBLIQUE (DE L'). Commentaire de la loi du

3 mai 1841 ; par M. V.-H. SOLON, Avocat, Conseiller de préfecture. In-8. 2 fr.

CHEMINS DE FER (TRAITÉ THÉORIQUE ET PRATIQUE DE LA LÉGISLATION ET DE

LA JURISPRUDENCE DES) ; par J.-B. REBEL, Avocat à la Cour impériale de Paris, et M. JUGE, Chef du contentieux de la compagnie du Chemin de fer d'Orléans à Bordeaux. 1 volume in-8. 7 fr. 50

FONTE, FER ET TOLE. De l'application de la FONTE, du FER et de la

TOLE dans les constructions, par W. FAIRBAIRN, Ingénieur, Membre de la Société royale de Londres, Membre correspondant de l'Institut de France, etc. Traduit par PERRET PORTA, Ingénieur civil ; ouvrage suivi de recherches expérimentales sur la résistance et les diverses propriétés de la fonte de fer ; par EATON HODGKINSON, Membre de la Société royale de Londres, etc., avec supplément. 1 vol. in-8° accompagné de plus de 100 figures dans le texte et de planches 7 fr. 50

DROIT ADMINISTRATIF COURS DE DROIT ADMINISTRATIF appliqué aux

travaux publics ou Traité théorique et pratique de législation et de jurisprudence, contenant : l'organisation administrative de la France, l'organisation du service des ponts et chaussées, les règles de la comptabilité, les principes de légalité ou de critique des actes de l'administration, l'organisation de la justice administrative, les principes de la propriété, les indemnités pour torts et dommages, les desséchements des marais, l'expropriation pour cause d'utilité publique, les principes des contrats, le cahier des clauses et conditions générales pour les entrepreneurs de travaux publics, la législation de la grande voirie, les chemins de fer, les chemins vicinaux, la navigation fluviale et les canaux de navigation, les canaux d'irrigation et de drainage, les usines à eau, les ateliers insalubres et incommodes, le conflit d'attributions ; par COTELLE, ancien Avocat au Conseil d'Etat et à la Cour de cassation, Professeur d'administration et de droit administratif à l'Ecole impériale des ponts et chaussées, etc. Troisième édition, présentant dans leur dernier état la législation et les règlements, la jurisprudence du Conseil d'Etat et des Cours, et la doctrine des auteurs. 4 beaux vol. in-8°.

Imprimerie de COSSE et J. DUMAINE, rue Christine, 2.